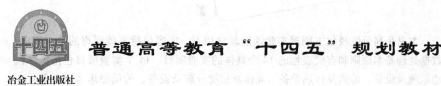

普通高等教育"十四五"规划教材

冶金工业出版社

化工原理实验

姜松　赵永超　付贵勤　主编

北　京

冶金工业出版社

2024

内 容 提 要

　　本书是高等院校化工原理实验课的教学用书,内容包括实验课程的基本要求、数据处理基本原则和有代表性的 14 个具体的实验项目。14 个实验项目包括流体流动原理及设备、传热及传热设备、固体颗粒物分离及设备、传质原理及设备等化工原理课程重点章节内容。本书各实验均配套有教学视频,包含实验理论讲解和实操讲解两部分。

　　本书可作为化工、化学、制药工程、生物工程等专业的本科生实验课教学用书及相关专业的研究生入学考试参考书,也可供化工等相关领域的研究人员和生产人员参考。

图书在版编目(CIP)数据

　　化工原理实验/姜松,赵永超,付贵勤主编.—北京:冶金工业出版社,2024.2

　　普通高等教育"十四五"规划教材

　　ISBN 978-7-5024-9778-1

　　Ⅰ.①化…　Ⅱ.①姜…　②赵…　③付…　Ⅲ.①化工原理—实验—高等学校—教材　Ⅳ.①TQ02-33

　　中国国家版本馆 CIP 数据核字(2024)第 037650 号

化工原理实验

出版发行	冶金工业出版社	电　话	(010)64027926
地　址	北京市东城区嵩祝院北巷 39 号	邮　编	100009
网　址	www.mip1953.com	电子信箱	service@mip1953.com

责任编辑　卢　敏　张佳丽　美术编辑　吕欣童　版式设计　郑小利
责任校对　梅雨晴　责任印制　窦　唯
北京建宏印刷有限公司印刷
2024 年 2 月第 1 版,2024 年 2 月第 1 次印刷
787mm×1092mm　1/16;8.25 印张;198 千字;120 页
定价 49.00 元

投稿电话　(010)64027932　投稿信箱　tougao@cnmip.com.cn
营销中心电话　(010)64044283
冶金工业出版社天猫旗舰店　yjgycbs.tmall.com
(本书如有印装质量问题,本社营销中心负责退换)

《化工原理实验》编委会

前　言

化工原理实验是化工原理理论课相配套的实验课程，可以单独设课学习化工生产中通用的单元操作，也可以作为辅助课程加深学生对理论课内容的理解。化工产品虽然众多，但其中涉及的过程有许多共性，如一些液体采用离心泵输送，还有些均相液体混合物采用精馏进行分离，很多固液混合物采用过滤进行分离等。化工原理实验是对这些共性的单元操作进行实验的课程，让学生切身体验化工生产的实践性。化工原理实验是化工及相关专业必须开设的实验课程之一，不少高校化工相关专业在研究生入学考试的初试或复试中包含化工原理实验的相关内容。

本书注重理论联系实际，以化工单元操作中具有代表性的基础实验项目为主要内容，根据编者多年教学实践经验，结合设备和教学的实际情况编写而成。化工原理实验培养学生工程实践的能力，对提高学生从事化工生产、科学研究、开发应用和创新能力等方面均起着举足轻重的作用。

本教材在编写时也考虑到了化工原理实验单独设课的情况，学生部分实验开课时可能尚未学习理论课相关内容，编写时对实验原理进行了清晰地讲解，并且录制了实验原理和实验操作相关视频辅助学习，使学生能更好地理解实验和完成实验。

本书第一章由姜松、赵永超共同编写，第二章由赵永超编写，第三章中实验一、二、三、四、六、九由赵永超编写，实验五、七、八、十、十一、十二由姜松编写，第四章由付贵勤编写，附录由赵永超编写。统稿工作由姜松、赵永超共同完成。在书编写的过程中，王东亭、袁青、朱鸿杰、张鹏方、李丹丹、房玉真、金玉洲、李衡翔、史文静、洪敏、张艳、王博、李川、孟前、郭增静、朱晴晴等参与了校改工作并提供了大量帮助，于璐同学绘制了部分装置流程图，实验设备生产单位北京化工大学和天津大学化工基础实验中心（天津市睿智科技发展有限公司）提供了详尽的实验指导资料，对此一并致以真挚的谢意。

　　由于作者水平有限，书中疏漏之处，敬请各位读者不吝赐教。

编　者
2023 年 8 月

目　录

第一章 绪 论

第一节 化工原理实验的目的

《化工原理实验》课程是化工与制药类、化学类、生物工程类、材料类等专业的学生必修的一门专业基础实验课程，培养学生掌握常见化工单元操作，如离心泵流体输送、精馏、吸收等过程的基本原理及典型设备的过程计算，培养学生建立工程观点、熟悉常见设备的操作方法。化工原理实验和化工原理理论教学相辅相成，是化工教学中的重要组成部分，同时也是一门基础的工程实践课程，是学习后续专业课的基础。

通过化工原理实验中化工生产通用的单元操作，学生可以加深对化工原理课程基本原理的理解，同时更重要的是对学生进行系统和严格的工程实验训练，使学生在实验中增长实践知识，培养学生对实验现象敏锐的观察能力、运用各种实验手段正确地获取实验数据的能力、分析归纳实验数据和实验现象的能力、由实验数据和实验现象得出结论并提出自己见解的能力、增强创新意识和提高分析及解决工程实际问题的能力。

通过化工原理实验教学，使学生实现以下目标：

（1）巩固、验证化工原理对应的各章内容的单元操作的基本理论和相关原理和规律。基本的单元操作包括流体输送、板框过滤、精馏、吸收等，并能运用理论课和其他渠道获取的理论知识分析实验原理及实验进行的过程，通过实验进一步地理解和强化理论知识。

（2）熟悉流体输送、板框过滤、精馏、吸收等经典的化工单元操作实验装置的流程、结构和操作，掌握如何从实验中获取温度、压力、流量等直接测量的数据和流速、传质速率、溶液浓度等间接数据，同时锻炼实验研究能力、提高学生分析问题和解决问题的能力。

（3）重点培养数据处理和数据分析的能力，运用文字、图、表等形式表达实验结果，分析实验规律，按照报告统一要求的格式撰写成实验报告。

（4）培养操作指令的执行力、工作的团队分工和协作能力、沟通能力。

（5）树立在生产活动中实事求是、严肃认真的科学态度。

化工原理实验可以对学生进行工程实践训练，同时通过实验可为学生后续开设的专业实验课程打好基础，也让学生对将来在化工厂参加生产一线工作建立初步的概念。

第二节 化工原理实验过程中的要求

在接触化工原理实课之前，学生接触的都是在桌面进行的有机、无机、分析等单人完成的小的实验，对于多人共同完成的与工业生产类似的工程实验是第一次，由于实验设备体积大、结构复杂，并且有部分阀门或管路是在实验当中用不到的，这样学生往往感到困惑和陌生。为了使学生更好地了解、学习、掌握这门工程实验课程，以下几点每个学生必须按要求做到。

一、做好实验前预习

预习要求包括：

（1）课前撰写实验预习报告。预习报告内容包括实验目的、原理、流程、操作步骤、注意事项等。撰写时注意理解各部分内容的意义，不明白的课上向老师询问。准备好原始数据记录表格，并标明各参数的单位。预习报告经指导教师检查通过后方可进行实验。

（2）课前可结合教材，利用教材中二维码链接或超星学习通平台，观看教师录制的相应实验的教学视频，进一步地学习相关实验的实验目的、实验原理、实验装置、实验步骤及操作注意事项等。

（3）实验室现场进一步熟悉实验装置、工艺流程和操作步骤，明确实验所用测量仪表的使用方法和实验过程中的有关注意事项。根据实验操作条件，进一步确定待测实验参数及数据点分布等。

（4）化工原理实验是大型设备实验，需要 2~4 人一组共同完成，组内人员做好分工，明确协同操作。

（5）特别要考虑一下设备的哪些部分或操作中哪个步骤会产生危险，如转子流量计设备开机前要保持关闭、干燥实验烘箱干燥完毕物料和托盘烫手等，做好防护措施，以保证实验过程中人身和设备安全。

二、实验中认真操作训练

实验过程是实验课的主体部分，是至关重要的。为了达到实验教学的实践效果，实验中要认真操作训练，具体要求如下：

（1）设备启动前必须首先检查，调整设备进入启动状态，然后再进行通电、通水等启动操作。

（2）安排好测量范围、测量点数目、测量点的疏密等。如离心泵特效曲线的测定，实验中要求离心泵的流量一定要覆盖最大的流量，因为离心泵的效率随着流量的增大先上升后下降，如不覆盖最大流量，得到的结果极可能是效率随流量的增加单调增加的，这样会得到与理论不符的结论。

（3）仔细观察所发生的各种现象，记录在实验报告上，例如精馏实验筛板塔的气液流动状态变化等，有助于对过程的分析和理解。实验有异常的现象，如异响、漏液、漏气等，应及时向指导教师报告。

（4）对实验的数据是否合理一定要进行判断，如果实验中遇到实验数据重复性差或规律性差等情况，应首先分析是否读数或输入有误，再分析实验过程中是否出现问题，找出原因。实验数据要记录在准备好的表格内，应仔细认真、整齐清楚。学生应注意培养自己严谨的科学作风，养成良好的习惯。

（5）实验结束、数据无误后再将实验设备和仪表恢复原状，切断电源，清扫卫生，经教师允许后方可离开实验室。

三、实验数据记录要求

实验数据是实验中直接获取的客观的数据，是实验过程与实验结果的凭证，它能体现实验的质量。实验数据记录遵循的要求如下：

（1）记录数据应是直接读取原始数据，不要经过计算后再记录，例如 U 形管压差计的两端液柱高度差，应分别读取记录，不应读取或记录液柱的差值。因为记录差值可能会记录运算错误的结果，由于原始液柱高度没有记录，即使出现这样的错误也不好核查，所以要求记录最原始的数据。

（2）对稳定的操作过程，在改变操作条件后（如改变流量），一定要等待一段时间（1~3min），待达到新的稳定状态，数据不再变化，方可读取数据；对于连续的不稳定操作，要在实验前充分熟悉实验过程和读数的变化规律，计划好记录的位置或时刻，改变参数后及时读数。

（3）根据测量仪表的精度，正确读取有效数字，最后一位是带有读数误差的估计值，在测量时应进行估计，便于对系统进行合理的误差分析。

（4）对待实验数据应取科学态度，不能凭主观臆测随意修改记录，也不能随意弃舍数据，对可疑数据，除有明显的原因外（如读错，误记等），一般应在数据处理时检查处理。

（5）记录数据应书写清楚，字迹工整。记错的数字应划掉，避免涂改的方法，容易造成误读或看不清。要注意保存原始数据，必要时可以拍照保存，以便检查核对。

（6）实验结束整理好原始数据，确认无误后再将实验设备和仪表恢复原状。

部分实验项目需要将原始数据输入到专用的电脑中存储和处理，将进行数据处理后的结果打印。原始记录要保存好，一则以便出现错误检查核对，二则养成良好的习惯，将来毕业论文或科研工作的总结或论文投稿有时会要求提交数据的原始记录。

四、撰写实验报告

实验报告都有一定的书写规范，要求使用指定的报告册或报告纸，按照对应的报告项目逐项书写完成，下面是实验报告的具体要求。

第三节　化工原理实验报告主要内容及要求

实验报告是对实验的全面或基本全面的总结，不仅应记录实验的过程和现象，更应体现实验过程背后本质的原理规律和数学特性。通过实验报告应能对实验结果的好坏、实验过程是否合理、实验态度是否认真进行评估。

书写实验报告要采用专用的实验报告纸或实验报告册，内含对应的表格和栏目，填写时应简单明了。填写的实验数据应清晰完整、结论明确，对实验结果有讨论或规律分析，对理论课程中的数学式进行验证，或验证实验条件下所得的规律。撰写好实验报告可为今后写好科学研究报告和科学论文打下基础。

一、实验报告包括的主要内容

实验报告的主要内容包括：

（1）实验时间、报告人、同组人等基本信息。

（2）实验名称、实验目的和实验原理。

（3）实验装置和工艺流程。

（4）实验操作步骤和注意事项。

（5）实验原始数据记录表。

（6）实验数据的整理（数据计算举例）及数据整理表。实验数据的整理并不是简单地把数据排列整齐，而是把记录的原始实验数据归纳、分析、计算，得出一定的数学关系（或趋势结论）的过程。该过程会涉及大量的重复的数学计算，现在一般由计算机自动计算完成。但报告中应选取重复过程中的一组数据，在报告中展示计算过程。即以一组数据为例，将原始记录的数据如何计算出结果的计算过程，按照顺序写清楚。

（7）实验结果讨论与分析。将实验结果用图示法、列表法或方程表示法进行归纳，得出结论；如只改变了一个系列的参数，如只改变了转速，则结论要分析转速对结果的影响；如果同时改变系列和参数，如既更换了不同的换热器，还改变了每个换热器的流体流速，结论则要分析不同换热器的影响和每个换热器改变流速的影响。

（8）参考文献。

二、实验报告撰写要求

实验报告撰写按照学院及学校实验中心的要求，有如下几点：

（1）书写工整、文字通顺、结论明确。

（2）实验装置图及数据表的绘制要规范。

（3）实验报告采用学院统一印制的实验报告纸或报告册编写。

（4）报告应在指定时间交给指导老师批阅。

第四节 化工原理实验操作注意事项及安全知识

化工原理实验与一般化学实验比较起来，有共同点，也有其本身的特殊性。为了安全成功地完成实验，除了每个实验的特殊要求外，在这里提出一些化工实验中应该遵守的注意事项和必须具备的安全知识。

一、化工实验注意事项

对于容易发生危险、引起设备或仪表损坏以及造成实验结果不准确的操作应该予以注意。注意事项主要包括以下几点。

（一）设备启动前检查事项

（1）设备要保证能顺利运转再开机。检查拥有的安全措施，如防护罩、绝缘垫、隔热层等是否完善。

（2）离心泵、鼓风机、排风扇等转动设备，如有轴或其他可转动的裸露的部件，应先用手使其运转，从转动的难易和声响上判别有无异常。

（3）根据设备要求和操作说明检查设备上各阀门的开、关状态。如离心泵启动时要求关闭出口阀门，正位移泵启动时要求开启出口阀门，不能弄错。玻璃转子流量计不能在调节阀打开的状态下开泵，否则流体突然冲击转子速度过大容易导致玻璃管裂纹或碎掉，开泵后流量计流量调节阀应该缓慢开启。压力表和真空表操作也要注意缓慢开启，不可在仪表的阀门打开的情况下开泵，以免仪表的指针打弯损坏。

（二）正确使用仪器仪表

仪器仪表使用前必须做到分清量程范围，掌握正确的读数方法。

（三）严格执行实验操作规程

操作过程中同组学生要注意分工配合，实验操作步骤，特别是实验注意事项要遵照执行，按照教材和教师的讲解逐步进行操作。结合实验步骤关心和注意实验的进行程度，随时观察液位、仪表指示值等参数的变化。特别注意如果某参数达到一定数值时有后续的实验步骤，要及时操作以免操作失误。

（四）突发故障应按停车步骤操作

操作过程中设备及仪表发生问题，如打火花、设备碎裂等故障应立即按停车步骤停车，自来水的水管脱落或崩裂要马上关闭上水阀，并报告指导教师。

（五）实验结束按顺序关闭水、电、气

实验结束时一般先关闭加热电源，然后关闭各种泵和阀门、气体钢瓶、仪表的阀门及电源开关，再切断设备总电源。自来水水源常用于换热和冷却，待无其他物料需冷却或无蒸汽需冷凝后，最后关闭。一般需停止加热后 5~10 min 再关闭冷却水。

（六）制定预案，确保实验安全

化工实验部分情况与化工厂类似，要特别注意安全。明确总电闸在哪儿、灭火器材在哪儿、安全出口在哪儿。一旦出现问题，及时处理或疏散。

二、安全知识

为了确保实验过程中人身和设备的安全，化工原理实验过程中应注意化学药品、高压气体钢瓶、电气设备等方面的安全。

（一）化学药品安全知识

化工原理实验室中所接触的化学药品相比有机、无机化学实验，药品很少。所用到的化学药品，主要有盐酸、氢氧化钠水溶液、煤油、苯甲酸、乙醇、正丙醇、变色硅胶（主要成分氯化钴，流化床干燥实验的原料）、二氧化碳气体。

各类化学药品容器应有清晰的标签，不明确的化学药品交由指导教师处理，禁止擅自按主观判断使用。危险化学药品的存放区域设置醒目的安全标识。

实验中用到的煤油、乙醇、正丙醇、变色硅胶等，其蒸汽或粉尘应通过尽量减少暴露于空气中及通风换气减少危害。

实验进行过程中会产生一些有毒、有害的液体或固体的废弃物。无论是液体还是固体废物都不得随意丢弃，不得随意倒入水槽或下水道，不得和生活垃圾混到一起，防止污染环境。实验室备有专用容器，按照容器上的标签分类盛装、存放，按照学院的要求定期交由危险废弃物处理单位统一处理。盛装液体危险货物的容器，应留有足够的未满空间（确保容器口和液面之间不小于 10 cm 的距离），保证不会由于在运输过程中可能发生的温度变化及挤压造成的液体膨胀而使液体泄漏。

（二）高压气体钢瓶安全知识

在化工实验中，有一类需要引起特别注意的东西，就是各种高压气体。高压钢瓶是贮存各种压缩气体或液化气体的高压容器。钢瓶容积一般为 40~60 L，最高工作压力为 15 MPa，最低的也在 0.6 MPa 以上。瓶内压力很高，并且某些贮存的气体本身是有毒或易燃易爆气体，故使用气瓶一定要掌握其构造特点和安全知识，以确保安全。

化工实验中所用的气体种类较多，一类是具有刺激性的气体，如氨、二氧化硫等，这类气体的泄露一般容易被发觉。另一类是无色无味，但有毒性或易燃、易爆的气体，如一氧化碳等，不仅易中毒，在室温下空气中的爆炸范围为 12%~74%。当气体和空气的混合物在爆炸范围内，只要有火花等诱发，就会立即爆炸。氢在室温下空气中的爆炸范围为 4%~75.2%（体积分数）。因此使用有毒或易燃易爆气体时，系统一定要严密不漏，尾气要导出室外，并注意室内通风。

气瓶主要有筒体和瓶阀构成，其他附件还有保护瓶阀的安全帽、开启瓶阀的手轮、使运输过程中不受震动或碰撞的橡胶圈。另外，在使用时瓶阀出口还要连接减压阀和压力表。

标准高压气瓶是按国家标准制造的，并经有关部门严格检验方可使用。各种气瓶使用过程中，还必须定期送有关部门进行水压试验。经过检验合格的气瓶，在瓶肩上用钢印打上下列资料：

（1）制造厂家；

（2）制造日期；

（3）气瓶型号和编号；

（4）气瓶质量；

（5）气瓶容积；

（6）工作压力；

（7）水压试验压力、水压试验日期和下次试验日期。

各类气瓶的表面都应涂上一定的颜色的油漆，其目的不仅是为了防锈，主要是能从颜色上迅速辨别钢瓶中所贮存气体的种类，以免混淆。常用的各类气瓶的颜色及标识见表 1-1。

表 1-1 气瓶的颜色及标识一览表节选（GB/T 7144—2016）

序号	充装气体名称	化学式	瓶色	字样	字色	色环[①]
1	乙炔	C_2H_2	白	乙炔不可近火	大红	—
2	氢	H_2	淡绿	氢	大红	$p=20$，大红单环 $p \geqslant 30$，大红双环
3	氧	O_2	淡（酞）兰	氧	黑	$p=20$，白色单环
4	氮	N_2	黑	氮	白	$p \geqslant 30$，白色双环
5	空气	Air	黑	液化空气	白	
6	二氧化碳	CO_2	铝白	液化二氧化碳	黑	$p=20$，黑色单环
7	一氧化碳	CO	银灰	一氧化碳	大红	—
8	氨	NH_3	淡黄	液氨	黑	—

① 色环栏内的 p 是气瓶的公称工作压力，MPa。

（三）实验室安全用电注意事项

化工原理实验中电器设备较多，并且设备是在后期采购安装，安装时设备的接线不固定也容易出现一些问题。设备的配电盘一般在设备附近的墙面上，配电盘在给设备通电之前，必须检查设备总电源是否关闭。必须通过实验书或设备操作指南搞清楚整套实验装置的启动和停车操作顺序，以及紧急停车的方法。

为保证安全用电，学生实验时应遵守下列操作规定：

（1）进行实验之前必须了解室内总电闸与分电闸的位置，明确如何快速接通和关闭相应的电源。

（2）实验设备维修时，无论是否涉及电路维修都必须切断设备的电源。

（3）带金属外壳的电器设备都应该保护接零，定期检查是否连接良好。

（4）导线的接头应紧密牢固，接触电阻要小；裸露的接头部分必须用绝缘胶布包好，或者用绝缘管套好。

（5）所有的电器设备在带电时不能用湿布擦拭，更不能有水落于其上；电器设备要保持干燥清洁。

（6）发生停电现象必须切断所有的电闸；防止操作人员离开现场后，因突然供电而导致电器设备在无人监视下运行。

（7）合闸动作要快，要合得牢。合闸后若发现异常声音或气味，应立即拉闸，进行检查。

（8）实验结束后，按照实验指导书的实验步骤将实验设备关机、墙上的电闸拉下。检查无误后方可离开实验室。

第五节　化工原理实验室规则

化工原理实验室规则如下：

（1）实验室是实验课程教学的场所，实验室进行实验时应保持实验室整洁和安静；上课过程中禁止做与实验无关的事情，特别禁止刷手机视频或游戏、禁止追逐嬉闹。

（2）实验室内认真听讲，按照教师和实验教材的要求以严肃认真的态度进行实验，做实验时，穿实验服，禁止穿拖鞋进入实验室，遵守实验室的各项规章制度，不得迟到、无故缺课。

（3）爱护实验设备，在未弄清仪器设备使用前，不得运转，损坏按制度赔偿；在保证完成实验要求的前提下，注意节约纯净水、电力消耗和自来水以及各种化学药品等。

（4）实验过程中，如因违反操作规程损坏仪器、设备者，应根据情节的轻重和态度由指导教师会同实验室负责人商定，按仪器、设备价值酌情折价赔偿，情节严重、损失较大者，上报学院进行处理。

（5）实验过程中应服从指导教师及实验室工作人员的指导；否则，将视其情节进行批评直至停止实验操作。

（6）实验过程中注意保持实验环境的整洁；实验结束后应进行清洁和整理，将仪器设备恢复原状。

第六节　教学学时安排

本教材全部实验 12 个，学时 40~48 学时，在实验室现场教学；另外，可单独安排实验总体介绍、实验安全、实验注意事项、实验数据处理等教学内容的实验引导课，在多媒体教室进行教学，一般 2 学时。

化学工程与工艺专业、应用化学、制药工程专业一般完成全部 12 个实验。化学（化学教育）、生物工程专业、高分子材料与工程专业、食品科学与工程专业、环境科学与工程专业等相关专业，根据学时学分的设置、教学要求和实验设备的情况可以选学其中 4~8 个实验，进行适当安排。

第二章 实验数据的测量和表示方法

化工原理实验涉及大量实验数据的测量及数据的表示。实验中要对数据进行记录、计算、分析，进一步整理成图、表、公式或拟合为经验公式。实验数据的测量和表示，要遵从一定的规则，以保证实验结果的可靠性与精确性。实验过程也要注意方式方法，尽可能地减少实验误差。

第一节 实验数据的测量

一、数据的有效数字

实验中测量的数据或计算结果，应该用几位数字来表示是很重要的。测量所用的仪器只能达到一定的精度（也称灵敏度）。如果一个电位差计的精度为 $0.1\ \mu V$，则测量结果和包含该物理量的计算结果不会超过这个电位差计所能达到的精度。如计算结果数值达到 $0.001\ \mu V$，则计算结果是不科学、不合理的。也有学生计算结果塔高 $35.1235\ m$、质量 $35.1235\ t$，这两个数值也要根据给出的精度进行取舍，并不是小数点后面的位数越多越好。

（一）实验数据的分类

在化工实验过程中，经常遇到的数据分为两类，包括无量纲数据和有量纲数据。

（1）无量纲数据。这一类数据没有量纲，如圆周率 π、自然常数 e，以及本实验中常见的阻力系数 ζ、一些由多个物理量组成的数群（如雷诺数 Re、普朗特数 Pr、努塞尔数 Nu），对于这一类数据的有效数字，其位数在选取的时候可多可少，通常依据实际需要而定。

（2）有量纲数据。仪表或设备测量的结果一般为有量纲的数据，如温度 T、压力 p、功率 N 和流量 Q 等。这一类数据有数值和有特定的单位，数值的最后一位数字通常是由测量仪器的精度决定的估读数值。这类数据根据采用的测量方法，一般可分类为直接测量和间接测量两种方法。

（二）直接测量时有效数字的读取

物理量测量一般首先接触到的是直接测量。直接测量在实验过程中应用十分广泛。例如，用刻度尺测量长度、用压差计测量压力（压差）和用天平测量质量等。直接测量值的有效数字的位数取决于测量仪器的精度。在测量时，有效数字的位数通常可保留到测量仪器最小刻度的后一位，这最后一位数为估读数字。

需要知道的是，有几种仪器的读数是不估读的，如数字显示的仪表，机械秒表，游标卡尺等。

部分化工原理实验数据记录见表 2-1。

表 2-1　部分化工原理实验数据记录

测量工具	最小分度值	测量结果举例	数字位数		
			可靠	可疑	有效
米尺	1 mm	10.2 mm	2	1	3
游标卡尺	0.02 mm	11.22 mm	3	1	4
阿贝折光仪	0.001	1.3657	4	1	5
精密数显天平	0.0001 g	6.1234 g	4	1	5

（三）间接测量时有效数字的选取

实验过程中，有些物理量难以直接测量，需选用间接法测量，例如：测量水箱内液体的质量，可通过测量水箱的体积和测量液体的温度，根据温度查询液体的密度，再根据体积和密度计算得到；测量管内流体的流速，实验中可通过流量计测量流体的体积流量和圆管的内径，根据体积流量和管道内径可以计算得到。通过间接测量得到数据的有效数字的位数与其相关的直接测量的数据的有效数字有关，其取舍方法服从有效数字的计算规则。

二、有效数字的计算规则

（一）有效数字舍入规则

日常生活中应用较多的是"四舍五入"规则，但这一规则会因 $1 \sim 9$ 中进的数多于舍的数而造成计算结果的偏大。本教材中执行当前在工程技术和实验教学中应用较广的一种规则，即"四舍六入五凑偶"，具体如下：

（1）尾数小于或等于 4 时，直接舍弃；

（2）尾数大于或等于 6 时，直接进 1；

（3）尾数等于 5 时，把前一位（即保留数字的末位）凑成偶数。当保留数字的末位为偶数时，将 5 舍去；当保留数字的末位为奇数时，进 1 将末位凑成偶数。

例1　按上述规则，将下列数值保留 3 位有效数字。

$3.14159 \rightarrow 3.14$　　　$1.22567 \rightarrow 1.22$　　　$1.24567 \rightarrow 1.24$

$1.22678 \rightarrow 1.23$　　　$1.23567 \rightarrow 1.24$　　　$1.20567 \rightarrow 1.20$

从统计学的角度看，"四舍六入五凑偶"比"四舍五入"更科学，它使 5 舍入后前一位有的增大，有的减小，而增减的概率均等。

（二）有效数字的运算

1. 加减法——最短小数位数对齐

几个有效数字相加、减时，最终计算结果保留的小数点后的位数，与各数中小数点后位数最少的相同，称为"最短小数位数对齐"。

例2　按上述规则，计算 $1.25 + 14.452 + 0.1244 =$ _____。

$$
\begin{array}{r}
1.25\underline{} \\
14.45\underline{2} \\
+\quad 0.124\underline{4} \\
\hline
15.82\underline{64}
\end{array}
$$
→结果：**15.83**

所以 1.25+14.452+0.1244=**15.83**。

参与运算各数值中小数点后位数最少的是 1.25，只有 2 位，所以应以此位数为准，运算结果中小数点后只保留 2 位且第二位是可疑数字，其后的数字根据舍入规则截断。

2. 乘除法——最短有效数字位数对齐

多个数值相乘的结果应以有效数字位数最少的为准，即最短有效数字位数对齐，与小数点位置无关。

例 3　按上述规则，计算 12.42×0.046＝_____。

$$
\begin{array}{r}
12.42 \\
\times\ \ 0.04\underline{6} \\
\hline
745\underline{2} \\
496\underline{8} \\
\hline
0.571\underline{32}
\end{array}
$$

　→ 结果：**0.5\underline{7}**

所以 12.42×0.046＝**0.57**。

参与运算各数值中有效数字位数最少的是 0.046，只有 2 位有效数字，所以应以此位数为准，运算结果中有效数字只保留 2 位且第二位是可疑数字，其后的数字根据舍入规则舍去。在竖式的运算过程中，"可靠数字与可靠数字的运算结果仍为可靠数字，可疑数字与任何数字的运算结果都为可疑数字"的规则也得到了的验证和体现。

3. 乘方、立方、开方

乘方、立方、开方运算结果的有效数字应与原数值的有效数字相同。如 $\sqrt{103.45}$ ＝**10.171**。

4. 常数

对于 π，e，$\sqrt{3}$ 等常数，它们自身的有效数字位数是无限的，运算时一般根据需要比其他参与运算的数值中位数最少的多取一位有效数字。

5. 中间运算结果的特殊处理

复杂运算时，运算过程中为了避免误差累积，运算的中间结果可视具体情况暂时多保留一位可疑数字，运算仍遵循上述一般规则，到最终结果时将多余的一位数字截去。

6. 实验中常用的平均值应与测量值位数相同

例如某实验中，折光率 3 次测量结果分别为：1.3630、1.3633、1.3629、有 4 位小数，其平均值应同样记为 4 位小数，即 1.3631。

第二节　实验数据的误差分析及实验数据的记录

一、误差的来源和分类

误差是指测量值与真值之间的差值。偏差是指测量值与平均值之差。在测量次数足够多时，因平均值接近于真值，则测量误差与偏差也很接近，故习惯上常将两者混用。根据误差的性质及产生的原因，可将误差分为以下 3 类。

（一）系统误差

系统误差是由于测量系统中某些固定不变的因素引起的测量值与真实值之间的差值。在相同条件下进行多次测量，其误差的数值大小正负始终保持恒定，要么总是偏大，要么总是偏小。例如用温度较高的刻度尺测量某物体的长度，由于刻度尺受热伸长，则测量值总是偏小，这种偏差属于系统误差。只有当改变实验条件时，才能发现系统误差的变化规律。系统误差有固定的偏向和确定的规律，可根据情况改进仪器和装置以及提高实验技术或用修正公式进行消除。

（二）随机误差

随机误差是由某些不易控制的偶然的因素造成的测量值与真实值之间的差值。在相同条件下进行多次测量，其误差的数值和符号的变化时大时小、时正时负，没有确定的规律，这类误差称随机误差或偶然误差。这类误差产生的原因无法控制和补偿。但随机误差服从统计规律，误差的大小或正负出现的概率相同，因此随着测量次数的增加，出现的正负误差可相互抵消，多次测量值的算术平均值接近于真值。

（三）过失误差

过失误差是一种明显的与事实不符的误差。它主要是由于实验人员的粗心大意，如读错数据、操作失误所致。学生都是第一次做某个实验，即使读取的数据出现明显的错误，多数也不会意识到，更增加了出现过失误差的可能性。过失误差的数据点在数据点组成的连线上明显与其他数据不在同一线性规律上，在数据点组成的图中可明显地观察到。存在过失误差的数据点应从实验数据中剔除。这类误差，只要学生认真细致地工作或加强校对，过失误差是可以避免的，其数据点不会出现在核对后的数据记录中。

学生实验记录完数据后，一般需将数据输入电脑作图，作图后应请指导教师审核数据；无须输入电脑的数据在全部记录完后请指导老师审核。指导老师审核若发现过失误差的数据点，可凭经验从数据记录中剔除。

二、误差的表示方法

（一）绝对误差

在某物理量的一系列测量数据中，某测量值与其真值之差称为绝对误差。在实验中以多次测量的平均值作为真值，把测量值与真值之差的绝对值称为残余误差，习惯上也把它称为绝对误差。

$$d_i = x_i - X \approx x_i - x_m \tag{2-1}$$

式中　d_i——第 i 次测量的绝对误差；

　　　x_i——第 i 次测量值；

　　　X——真值；

　　　x_m——测量的算术平均值。

如在实验中对物理量的测量只进行一次，可根据测量仪器说明书标明的误差，或取仪器最小刻度值的二分之一作为单次测量的误差。

化工原理实验中最常用的 U 形管压差计、玻璃转子流量计、玻璃温度计、压力表等仪表原则上均取其最小刻度值为最大误差，而取其最小刻度值的二分之一作为绝对误差计算值。

例如某压力表注明精（确）度为 1.5 级，即表明该仪表最大误差为相当档次最大量程之 1.5%，如最大量程为 0.4 MPa，则该压力表最大误差为 0.4 MPa×1.5%＝0.006 MPa＝6×10³ Pa。

又如某天平的分度值为 0.1 mg，则表明该天平的最小刻度或有把握正确的最小单位为 0.1 mg，即最大误差为 0.1 mg。取其最小刻度值的二分之一作为绝对误差计算值，即 0.05 mg。

（二）相对误差

为了比较不同测量值的精确度，以绝对误差与真值（计算时近似地采用平均值）之比作为一个新的概念，称为相对误差。其表达式：

$$e\% = \frac{d}{|X|} \approx \frac{d}{x_{\mathrm{m}}} \times 100\% \tag{2-2}$$

在单次测量中

$$e\% = \frac{d}{x_i} \times 100\% \tag{2-3}$$

式中 d——绝对误差；

$|X|$——真值的绝对值；

x_{m}——平均值。

（三）算术平均误差

算术平均误差是一系列测量值的误差绝对值的算术平均值，可以较好地表示一系列测定值误差：

$$\delta = \frac{\sum |x_i - x_{\mathrm{m}}|}{n} = \frac{\sum |d_i|}{n} \tag{2-4}$$

式中 x_i——测量值；

x_{m}——平均值；

d_i——绝对误差。

三、测量结果的精密度、正确度、精确度基本概念

（一）精密度

测量的精密度，系指在相同条件下，多次反复测量某一量，测得值之间的一致或相符的程度。从测量误差的角度来讲，精密度所反映的是测得值的随机误差。精密度高，只是多次测量的结果接近，但测得值不一定正确。换句话说，即测得值的随机误差小，其系统误差不一定也小。

（二）正确度

测量的正确度，系指多次的被测量的测得值总体与其"真值"的接近程度。从测量误差的角度来讲，正确度所反映的是测得值的系统误差。正确度高，只是多次测量的测量值"八九不离十"，基本等于真实值或在真实值周围徘徊，测量值之间的偏差可能很大，也就是精密度不一定高。也就是说，测得值的系统误差小，其随机误差不一定也小。

（三）精确度

计量的精确度亦称准确度，系指被测量的测得值之间的一致程度以及与其"真值"的接近程度，即精密度和正确度的综合概念。从测量误差的角度来说，精确度（准度）是测得值的随机误差和系统误差的综合反映。

图 2-1 是关于计量的精密度、正确度和精确度的示意图，类似于打靶。设图中的圆心 O 为被测量的"真值"，黑点为其测得值，则图 2-1（a）正确度较高、精密度较差；类似于打靶都打在了靶心周围，打的分散、离靶心不远。图 2-1（b）精密度较高、正确度较差；类似于打靶都打位置很集中，但离靶心较远。图 2-1（c）精确度（准确度）较高，即精密度和正确度都较高，类似于打靶都打在了靶心周围，而且打的集中、离靶心很近。图 2-1（c）是最好的，也是我们测量时所希望的。

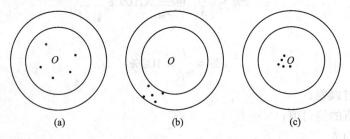

图 2-1　关于计量的精密度、正确度和精确度的示意图

四、实验数据的记录要求

（1）数据应记在化工原理实验书中印制的对应的表格中或实验预习报告对应的表格中。实验记录在整理报告时即便重抄一遍实验记录，也应保存原始记录以备核查。

（2）对于明显不可靠的数据，经分析应予以弃去。

（3）测取数据必须满足要求，不得遗漏，如大气压、室温、物料物性、设备尺寸等，必须清晰记录于表格中，以免事后混淆。

（4）所记录的数据应当是直接读的数据，不应经过计算再记。例如秒表停表时的读数为 1 分 28 秒，应记作 $1'28''$，而不应记作 $88''$。U 形管压差计根据情况，如果是分别读取左右两侧液柱对应的刻度，再计算数值差，则应该分别记录左右两侧的液柱对应的刻度，分别记录；如果是使用刻度尺直接测量的两液柱的高度差，则可以直接记录测量的差值。

（5）取样测量注意事项。有的测量是取样测量，如测量吸收液的浓度，我们不是测量全部的吸收液，而是取其中一部分样品进行测量，这时一定要注意样品的代表性。取样是从填料塔底部的一个支管中打开阀门接取约 20 mL 样品，但支管本身有一定的容积，且支管中的滞留液体的组成与填料塔底部的液体极可能是不同的组成，这样直接接取的样品不具有代表性，一定要先排出支管中现有的液体再接的液体才可以作为样品进行测量。

五、实验数据的记录及表示方法

由实验测得的大量数据，为了便于分析数据的特征和规律，一般可以用列表法、图示（解）法表示。

（一）列表法

将实验数据列成表格以表示各变量间的关系，为标绘曲线或整理成方程打下基础。例如"直管流动阻力测定"实验数据表为：

序号	$Q/\text{L} \cdot \text{h}^{-1}$	R		$\Delta p/\text{kPa}$	$u/\text{m} \cdot \text{s}^{-1}$	Re	λ
		kPa	mmH$_2$O				
1							
2							
3							
4							

列表或填写表格时注意：

（1）表格的表头要列出变量名称、单位。仪器中给出的数据单位与表中不一致时要注意单位换算。实验数据输入到电脑数据处理软件中时也要注意单位是否需要换算。

（2）数字要注意有效数字位数，要与测量仪表的精确度相对应。

（3）数字较大或较小时要用科学计数法表示，将$\times 10^{\pm n}$记入表头，注意：需记录的参数$\times 10^{\pm n}=$表中数据。如表头为"$\lambda \times 10^2$"，表中值为4，则表示$\lambda \times 10^2 = 4$，$\lambda = 0.04$。

（4）记录表格要正规，最好一边记录一边观察数据是否有规律。出现不规律的数据时分析是不是记录有误或某些地方出现了失误。

（二）数据的图示（解）法

实验数据处理通常是将数据先记录在表格中，再将记录的实验数据输入到数据处理软件中，数据处理软件会将数据点连成圆滑的曲线或直线展现出来。

1. 作图时注意

（1）选择合适的坐标系，尽量使图形直线化，以便求得经验方程式。

（2）坐标分度要适当，使变量的函数关系表示清楚。

（3）注意记录的数据点的分布。直线状态的数据分布，数据点的间隔可以适当大一点，有变化趋势时候，特别是有极大值或极小值的转折点附近的数据点测量时要选取的密一些，以免未能测到极大值或极小值附近的值，导致根据实验得到与理论不符的结论。

2. 化工实验常用的坐标系

化工实验中作图常用的坐标有直角坐标、双对数坐标和单对数坐标。市面上有相应的坐标纸出售，用计算机软件来进行数据处理时，数据处理软件中也包含这三种坐标系，需要根据数据的特点来选择合适的坐标系。

化工原理实验中常遇到的函数关系及对应的坐标如下：

（1）直线关系。$y = ax + b$，选用普通直角坐标系。

（2）幂函数关系。$y = ax^m$，选用双对数坐标系，因 $\lg y = \lg a + m \lg x$ 在双对数坐标系中为一直线。

（3）指数函数关系。$y = a^{mx}$，选用单对数坐标系，因 $\lg y$ 与 x 呈直线关系。

另外，如果有一个变量最大值与最小值数量级相差很大，或自变量 x 从零开始逐渐增加的初始阶段，x 很少量增加会引起因变量 y 极大的变化，可选用单对数坐标系。

书末附录1有部分坐标的分度及对数坐标基本知识供学习参考。

第三节　电脑办公软件在数据处理当中的应用

实验中测量的数据有的需要采用电脑办公软件来进行数据处理，软件主要是 Microsoft Excel 或金山 WPS Office 软件。

一、实验数据的输入

实验操作结束后，这时完成了实验数据的记录，下一步需要将记录的数据输入到相应的数据处理软件中，由计算机软件完成全部或部分的数据处理过程。

在电脑桌面或"数据处理"文件夹，找到对应实验的文件，打开文件，文件为已经设置好的 Excel 文件。文件中有对应"数据记录表格"的数据参数，需要在文件中输入的数据一般会标记为红色等特殊颜色。该文件实际为某次实验记录的数据和对应的数据处理结果。数据处理结果一般既包括数据表也包括由数据表自动绘制的规律曲线，也称为趋势图。将实验中记录的数据输入电脑的过程实际为将文件中原有数据替换的过程。

数据输入后，实验结果，包括数据结果和由数据绘制的图线将根据输入的实验数据自动变化。

输入数据时注意不要删除原有的数据，如果删除原有数据，数据对应的自动计算关系也将被删除，文件就不会自动计算实验结果了。

图 2-2 为一个数据处理文件的示例，为实验六的数据处理文件。该文件为一简单 Excel 文件，原始数据、数据计算结果和结果的趋势图在同一个页面。图中方框所圈区域为冷、热流体进、出口温度，需要自己根据实验结果输入数据。其他数值为固定值或根据输入的温度进行自动计算的值。趋势图根据输入的温度自动给出传热系数 K 的变化规律曲线。

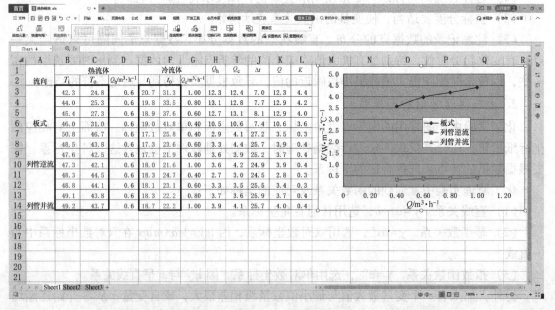

图 2-2　数据处理文件示例（实验六中不同换热器的操作及传热系数的测定）

　　图 2-3 为另一个数据处理文件的示例，为实验三中离心泵特性曲线的测定的数据处理文件。该文件是比较复杂 Excel 文件，数据记录页和结果的趋势图不在同一个页面。需点击页面下方的标签切换不同的工作表。

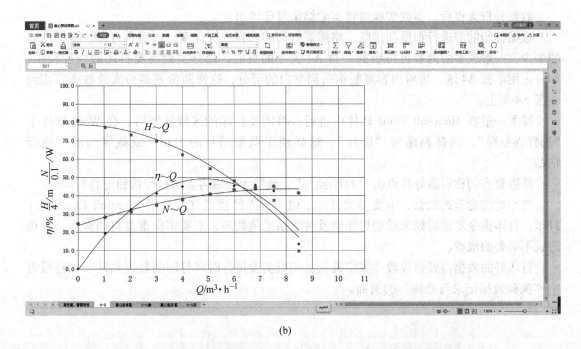

(a)

(b)

图 2-3　数据处理文件示例（实验三中离心泵特性曲线的测定）

（a）工作表 1：数据输入与计算的表格；（b）工作表 2：数据得出的趋势图

二、实验结果分析

输入完数据后，电脑软件会自动给出实验结果，包括实验结果的数据表和趋势图。

要对实验结果是否正确、是否理想进行分析。有趋势图的首先看趋势图是否与理论相符。趋势图经常会出现以下 4 种情况：

（1）趋势图连线圆滑，但某个数据点与趋势线相距甚远，这种情况一般是这个数据点读数错误，可能少读了一个 0 或记错了小数位数。

（2）趋势图连线圆滑，且所以数据点都符合连线的趋势，但数据对应的坐标轴数值与理论值不在同一个数量级。这极有可能是记录的数据和输入的数据存在数量级换算，如记录为厘米，但输入要求输入毫米，错误的输入了厘米；或记录数据为千帕，但输入数据要求输入帕斯卡，错误的输入千帕。

（3）趋势曲线未显示完全，部分数据未在趋势线中显示。这应该是趋势线引用的数据未选全，只使用了部分数据。需选择趋势线，将展示的框选引用的数据扩选，将横纵坐标引用的数据全部框选才可以。

（4）没有趋势图，只有数据表。这种情况主要查看数据的大小关系。如精馏实验中是否存在塔釜物料组成和塔顶物料组成混淆、表中输入数据的大小关系是否正确、是否有不能计算的情况等。

结果分析时发现问题先自行分析解决，不能解决的联系指导老师分析处理。

三、实验数据打印

数据分析无误后，多数实验需将实验结果打印输出。

数据打印前需进行预览和排版，将需要打印的内容进行合理排版后再打印。根据内容的多少，一般较多的内容可排版到一页 A4 大小的页面，部分实验需要打印的内容较少，如只占用半张 A4 纸，可将内容复制粘贴到空白的部分，这样两份或多份实验数据打印到一张 A4 纸上。

排版一般在 Microsoft Word 软件中进行，将需要打印的区域复制后，在 Word 软件中"选择性粘贴"，选择粘贴为"图片"，这样便于调整图片的大小；或截屏为图片进行粘贴。

排版整齐匀称后最好再点击"打印预览"，预览无误后再点击打印按钮进行打印。

打印时注意节约纸张，不要多次打印。也不要未经预览直接采用 Microsoft Excel 软件打印。打印指令发送后如未成功打印请及时联系老师处理，不要多次重复打印操作，以免造成不必要的浪费。

打印好的数据需经指导教师签字确认，完成实验报告时将打印的数据粘贴于实验报告中"实验数据记录与处理"的页面。

第三章 化工原理实验案例

实验一 流体流动阻力的测定

一、实验目的

（1）学习直管摩擦阻力 Δp_f、直管摩擦系数 λ 的概念、意义及测定方法。

（2）掌握光滑直管与粗糙直管摩擦系数 λ 与雷诺数 Re 之间的关系及其变化规律，以及粗糙度对摩擦系数 λ 的影响。

（3）掌握某管件或阀门产生的局部摩擦阻力 Δp_f、局部阻力系数 ζ 的测定方法。

（4）学习压强差的倒 U 形管压差计测量和采用差压变送器测量的方法，了解倒 U 形管压差计测量前排气泡的方法。

二、实验原理

工程上流体在管路中进行输送的系统主要由两类部件组成：一是等径直管；二是弯头、三通、阀门等各种管件和阀门。流体在管道内流动时，由于流体的黏度作用和涡流的影响会产生阻力。阻力的表征不像中学物理课程中那样直接采用"力"（单位牛顿）来表征，而是采用单位流体机械能的损失来表征。

流体流经直管时的机械能损耗称为直管阻力损失或沿程阻力损失，简称沿程损失，沿程损失与管长成正比。实验时通过计算单位质量的流体流经一定长度的管道损失多少焦耳的机械能来表征，单位 J/kg。

流体流经各种管件和阀件时，由于流速大小或方向突然改变，从而出现边界层分离现象，导致机械能损失，这种损失属于形体阻力损失，因其发生于局部部位，故又称为局部阻力损失，简称局部损失。实验时通过计算单位质量的流体流经某开度的阀门损失多少焦耳的机械能来表征，单位 J/kg。

管路输送系统的总阻力损失是这两类阻力损失之和，以下分别进行讨论。

（一）沿程损失（直管阻力损失）的测量

流体在直管内流动阻力损失与管长、管径、流体流速和管道摩擦系数有关，它们之间存在如下关系：

$$\omega_f = \frac{\Delta p_f}{\rho} = \lambda \frac{l}{d} \times \frac{u^2}{2} \tag{3-1}$$

即可得

$$\lambda = \frac{2d\Delta p_f}{\rho l u^2} \tag{3-2}$$

式中　ω_f——直管阻力损失，J/kg；

　　Δp_f——流体流经 l 直管的压力降，Pa；

　　ρ——流体的密度，kg/m³；

　　λ——直管阻力摩擦系数，无量纲；

　　l——直管长度，m；

　　d——直管内径，m；

　　u——流体在直管内流动的平均速度，m/s。

滞流（层流）时，

$$\lambda = \frac{64}{Re} \tag{3-3}$$

$$Re = \frac{du\rho}{\mu} \tag{3-4}$$

式中　Re——雷诺数，无量纲；

　　μ——流体的黏度，Pa·s。

湍流时，λ 是雷诺数 Re 和相对粗糙度（ε/d）的函数，需要由实验确定。

由式（3-2）可知，欲测定 λ，需确定 l、d，并测定 Δp_f、u、ρ、μ 等参数。其中：l、d 为装置参数（具体参数表格中给出，见表3-1）；ρ、μ 通过测定流体温度，再根据温度查相关手册可得；u 通过测定流体流量，再由管径计算得到。

本装置采用转子流量计测流量，V_s，m³/h。

$$u = \frac{V_s}{900\pi d^2} \tag{3-5}$$

本装置 Δp_f 根据压差大小分别采用倒 U 形管压差计和差压变送器测量。

小压差采用倒 U 形管液柱压差计测量。

$$\Delta p_f = \rho g R \tag{3-6}$$

式中　R——倒 U 形管液柱压差计左右两侧水柱高度差，m。

大压差采用差压变送器和二次仪表显示，可直接读数。

根据实验测得的流体温度 t_o（用于确定流体物性密度 ρ、黏度 μ）及实验时测定的流量 V_s、压差 Δp 和由流量计算所得流体流速 u 的实验值，根据式（3-2）可计算 λ。

在等温条件下，雷诺数 $Re = du\rho/\mu = Au$，其中 A 为常数，因此只要调节管路流量，即可得到一系列 λ-Re 的实验点，将 V_s、R 等输入数据处理软件求取 Re 和 λ，软件可将 Re 和 λ 标绘在双对数坐标图上，绘出 λ-Re 曲线。可直观地表示出摩擦系数 λ 和雷诺数 Re 之间的关系。

（二）局部阻力系数 ζ 的测定

局部阻力损失通常有两种表示方法，即当量长度法和阻力系数法，本实验采用阻力系数法。流体通过某一管件或阀门时的机械能损失表示为流体在小管径内流动时平均动能的某一倍数，这种计算方法称为阻力系数法。即

$$\omega_f = \frac{\Delta p_f'}{\rho} = \zeta \frac{u^2}{2} \tag{3-7}$$

$$\zeta = \frac{2\Delta p_{\mathrm{f}}'}{\rho u^2} \tag{3-7a}$$

式中　ζ——局部阻力系数，无量纲；

ω_{f}——单位质量流体流经某一管件（本实验为阀门）的阻力损失，J/kg；

$\Delta p_{\mathrm{f}}'$——流体流经阀门的压力降，Pa；

u——流体在小截面管中的平均流速（本实验为均径管道，故为管道中平均流速），m/s。

局部阻力引起的压强降 $\Delta p_{\mathrm{f}}'$ 直接测量偏差较大，实验中采用方法如下。如图 3-1 所示，产生局部阻力的阀门安装在一条各处直径相等的直管中。

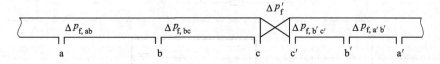

图 3-1　局部阻力测量取压口示意图

阀门上、下游开两对测压口 a、a′ 和 b、b′，使 ab＝bc、a′b′＝b′c′。

则，　　　　　　　　$\Delta p_{\mathrm{f,ab}} = \Delta p_{\mathrm{f,bc}}$；　　$\Delta p_{\mathrm{f,a'b'}} = \Delta p_{\mathrm{f,b'c'}}$

在 a～a′ 之间列伯努利方程式：

$$p_{\mathrm{a}} - p_{\mathrm{a'}} = 2\Delta p_{\mathrm{f,ab}} + 2\Delta p_{\mathrm{f,a'b'}} + \Delta p_{\mathrm{f}}' \tag{3-8}$$

在 b～b′ 之间列伯努利方程式：

$$p_{\mathrm{b}} - p_{\mathrm{b'}} = \Delta p_{\mathrm{f,bc}} + \Delta p_{\mathrm{f,b'c'}} + \Delta p_{\mathrm{f}}' = \Delta p_{\mathrm{f,ab}} + \Delta p_{\mathrm{f,a'b'}} + \Delta p_{\mathrm{f}}' \tag{3-9}$$

联立式（3-8）和式（3-9），则得：

$$\Delta p_{\mathrm{f}}' = 2(p_{\mathrm{b}} - p_{\mathrm{b'}}) - (p_{\mathrm{a}} - p_{\mathrm{a'}}) \tag{3-10}$$

为了便于区分，称 $(p_{\mathrm{b}} - p_{\mathrm{b'}})$ 为近端压差，$(p_{\mathrm{a}} - p_{\mathrm{a'}})$ 为远端压差。

局部阻力实验时，采用的流量较大，压差值通过差压变送器来测量。

三、实验装置与工艺流程

（一）实验装置

流体流动阻力测定的实验装置图如图 3-2 所示。实验设备是由水箱、离心泵、不同管径及材质的水管、各种阀门、管件、转子流量计和倒 U 形管压差计、差压变送器等所组成的。水管部分有四段并联的长直管，自上而下分别用于测定细光滑管直管阻力系数、光滑管直管阻力系数、粗糙管直管阻力系数和局部阻力系数（具体参数见表 3-1）。水的流量根据流量的大小，使用两个不同大小及量程的转子流量计测量；管路或管件的阻力在小压差时采用倒 U 形管压差计测量，大压差时采用差压变送器测量。

流体流动阻力测定的实验装置参数见表 3-1。

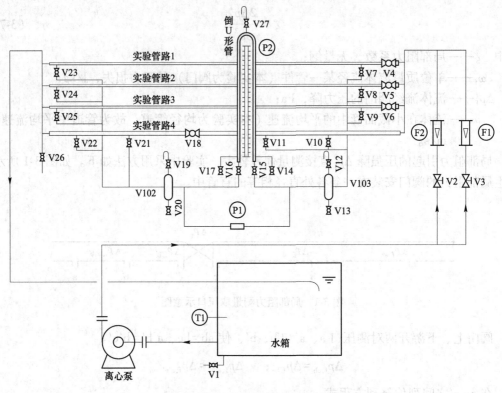

图 3-2　流体流动阻力测定实验装置流程示意图

F1—大转子流量计；F2—小转子流量计；P1—差压变送器；P2—倒 U 形管压差计；T1—温度传感器；

V2，V3—流量调节阀；V4，V5，V6，V18—切断阀；V7，V23—实验管路 1 测量阀；

V8，V24—实验管路 2 测量阀；V9，V25—实验管路 3 测量阀；V10，V22—实验管路 4 远端测量阀；

V11，V21—实验管路 4 近端测量阀；V12，V19，V27—放空阀；V15，V16—倒 U 形管测量阀；

V14，V17—倒 U 形管放水阀；V1，V13，V20，V26—放水阀；

V102，V103—缓冲罐

表 3-1　流体流动阻力测定的实验装置主要设备及仪器型号表

序号	位号	名　称	规格、型号
1	—	离心泵	WB70/055
2	—	水箱（长×宽×高）	780 mm×420 mm×500 mm
3	T1	温度传感器 数显温度计	Pt100 AI501BV24 数显仪表
4	P1	差压变送器 数显压差计	SM9320DP，0~200 kPa AI501BV24 数显仪表
5	F1	转子流量计	LZB-25，100~1000 L/h
6	F2	转子流量计	VA10-15F，10~100 L/h
7	V102	缓冲罐	不锈钢 304，壁厚 2.0 mm
8	V103	缓冲罐	不锈钢 304，壁厚 2.0 mm
9	P2	倒 U 形管压差计	玻璃；指示液：水

续表 3-1

序号	位号	名　　称	规格、型号
10	—	实验管路 1	细光滑管、管径 $d=0.0080$ m 管长 $l=1.70$ m、不锈钢
11	—	实验管路 2	光滑管、管径 $d=0.010$ m 管长 $l=1.70$ m、不锈钢
12	—	实验管路 3	粗糙管、管径 $d=0.010$ m 管长 $l=1.70$ m、不锈钢
13	—	实验管路 4	局部阻力管、管径 $d=0.020$ m 不锈钢

（二）工艺流程

水箱中的循环水经离心泵输送到并联的 4 根管路，分别是 3 根不同管径及材质的水管和 1 根附带阀门的局部阻力管。实验中每次只打开 1 根管路的阀门，分别对 4 根管路的流动阻力进行测定，水经过管路后返回水箱。

根据水流量的大小，由 2 个不同大小及量程的转子流量计测量；根据流动产生的阻力的大小，在小压差时采用倒 U 形管压差计测量，大压差时采用差压变送器测量。

四、实验步骤

实验一
实验操作教学视频

（一）开车前准备

（1）向水箱内注入蒸馏水（或者去离子水）至水箱约 3/4 处。

（2）了解每个阀门的作用并检查每个阀门的开关状态，均关闭。

（3）实验装置接通电源。

（二）直管阻力测定实验（实验管路 1~3）

1. 实验管路 1（细光滑管）小流量（10~100 L/h）阻力的测定实验

（1）倒 U 形管压差计排气泡，调平两侧液柱高度。将实验管路 1 阀门 V4 打开，启动离心泵开关，缓慢打开流量调节阀门 V3，即有水回到水箱，系统稳定后，将阀门 V7、V23、V15、V16 打开，使倒 U 形管内液体充分流动，使其赶出管路内的气泡（一般该操作 1 min 左右即可）；若观察气泡已赶净，将阀门 V15、V16 关闭，将阀门 V3 关闭，将倒 U 形管上部的放空阀 V27 打开，分别缓慢打开阀门 V14、V17，使玻璃管内液柱降至标尺中点附近时马上关闭 V14、V17，管内形成气-水柱，此时管内液柱高度差不一定为零。然后关闭放空阀 V27，打开阀门 V15、V16，此时 U 形管两液柱的高度差应为零（1~2 mm 的高度差可以忽略），如不为零则关闭入口所有阀门，避免因阀门漏水有流量形成压差。如还不为零则表明管路中仍有气泡存在，需要重复进行赶气泡操作。

若反复操作两管液柱仍不平，则将阀门 V3、V4 打开，V15、V16 打开，倒 U 形管内有水流动，缓慢将缓冲罐放空阀门 V12、V19 打开，待两阀门有水流出，将阀门 V12、V19 关闭，再进行上述操作，基本可以使两液柱高度差为零。

（2）关闭阀门 V3，打开阀门 V2 并用其调节流量，按流量由小到大的顺序读取并记录水温、小转子流量计 F2 的流量以及倒 U 形管压差计的数据。流量在 10~100 L/h 之间分布，一般取 10 组数据。

2. 实验管路 1 大流量（100~1000 L/h）阻力的测定实验

将阀门 V4 打开，启动离心泵开关，缓慢打开阀门 V3，即有水回到水箱。系统稳定后，将阀门 V7、V23 打开，调节阀门 V3 按流量由小到大的顺序读取并记录水温、大转子流量计 F1 的流量以及差压变送器压差的数据值，流量在 100~1000 L/h 之间分布，一般取 10 组数据。

3. 实验管路 2 光滑管和实验管路 3 粗糙管阻力测定实验

该操作与实验管路 1 阻力测定实验步骤相同。

（三）实验管路 4 局部阻力测定实验

相同流量下，按照 400 L/h、600 L/h、800 L/h，由小到大，分别用差压变送器测量远端、近端压差。

1. 远端压差测定实验

将阀门 V18 打开，启动离心泵开关，缓慢打开阀门 V3，即有水回到水箱。待系统稳定后，将阀门 V18 固定在某一开度（阀门开度不宜过大或过小），打开阀门 V10、V22，调节阀门 V3，将流量调至 400 L/h，读取并记录水温以及差压变送器的压差值。

2. 近端压差测定实验

远端实验测完取数据后，将阀门 V10、V22 关闭，将阀门 V11、V21 打开，流量不变，读取并记录水温以及差压变送器的压差值。

3. 不同流量下，远、近端压差测定实验

改变流量为 600 L/h、800 L/h，每个流量下重复以上步骤分别测量远端压差和近端压差。

（四）停车

取完所有数据后，将所有阀门关闭，关闭离心泵开关，关闭总电源，实验结束。将实验室一切复原。

五、实验注意事项

（1）启动离心泵前，关闭阀门 V2、V3，避免离心泵启动时电流过大损坏电机，并且防止由于流量过大将转子流量计的玻璃管损坏。

（2）本实验所有测压管路均有关联，做实验时请确认所有测压阀门的开关状态，避免实验数据错误。

（3）在实验过程中每调节一个流量之后应待流量和直管压降的数据稳定以后方可记录数据。

（4）注意，公式 $\lambda = \dfrac{64}{Re}$ 仅仅适用于流体流动状态为层流时，湍流时不适用。

（5）该装置电机为 380 V 三相电，不锈钢金属外壳，实验设备应良好接地。

六、实验数据记录

将实验测得的数据记录在表 3-2~表 3-5 中。

表 3-2 实验管路 1 实验数据记录表

平均水温____℃；装置号____；细光滑管 ☑；光滑管 □；粗糙管 □；局部阻力管 □

小流量 10~100 L/h，采用倒 U 形管压差计				大流量 100~1000 L/h，采用数显压差计		
序号	流量/L·h⁻¹	压差计读数/mm		序号	流量	压差/kPa
		左	右	差值			
1					1		
2					2		
3					3		
4					4		
5					5		
6					6		
⋮					⋮		

表 3-3 实验管路 2 实验数据记录表

平均水温____℃；装置号____；细光滑管 □；光滑管 ☑；粗糙管 □；局部阻力管 □

小流量 10~100 L/h，采用倒 U 形管压差计				大流量 100~1000 L/h，采用数显压差计		
序号	流量/L·h⁻¹	压差计读数/mm		序号	流量	压差/kPa
		左	右	差值			
1					1		
2					2		
3					3		
4					4		
5					5		
6					6		
⋮					⋮		

表 3-4 实验管路 3 实验数据记录表

平均水温____℃；装置号____；细光滑管 □；光滑管 □；粗糙管 ☑；局部阻力管 □

小流量 10~100 L/h，采用倒 U 形管压差计				大流量 100~1000 L/h，采用数显压差计		
序号	流量/L·h⁻¹	压差计读数/mm		序号	流量	压差/kPa
		左	右	差值			
1					1		
2					2		
3					3		
4					4		
5					5		
6					6		
⋮					⋮		

表 3-5　实验管路 4 局部阻力实验数据记录表

平均水温＿＿＿℃；装置号＿＿＿；细光滑管　□　；光滑管　□　；粗糙管　□　；局部阻力管　☑

大流量 100~1000 L/h，采用数显压差计

序号	流量/L·h⁻¹	水温/℃	远端压差/kPa	近端压差/kPa
1	400			
2	600			
3	800			

七、实验报告要求

（1）将数据输入软件，得到实验结果列表和实验结果曲线，选取一组数据举例说明计算过程。

（2）根据粗糙管实验结果，在双对数坐标纸上标绘出 λ-Re 曲线，对照化工原理教材上有关曲线图，估算出该管的相对粗糙度和绝对粗糙度。

（3）根据局部阻力实验结果，求出闸阀实验时选用开度下的平均 ζ 值。

（4）对实验结果进行规律分析和结果讨论。

八、思考题

（1）倒 U 形管压差计有什么优点？

（2）如何检测管路中的空气已经被排除干净？

（3）以水作介质所测得的 λ-Re 关系能否适用于其他流体？如何应用？

（4）在不同设备上（包括不同管径），不同水温下测定的 λ-Re 数据能否关联在同一条曲线上？

（5）如果测压口、孔边缘有毛刺或安装不垂直，对静压的测量有何影响？

实验二　液体流量的测定与流量计的校正

一、实验目的

（1）了解化工生产中常用的孔板流量计、文丘里流量计、转子流量计的构造、工作原理和主要特点。

实验二
理论教学视频

（2）掌握孔板流量计和文丘里流量计的流量计算公式，明确这两种流量计的标定方法及流量系数 C 的确定方法，并能够根据实验结果分析流量系数 C 随雷诺数 Re 的变化规律。

（3）掌握转子流量计的读数方法，明确其标定方法，测定转子流量计的标定曲线，给出转子流量计显示值和标准值之间的对应关系公式。

二、实验原理

流体的流量是化工生产中必须测量并加以调节、控制的重要参数之一。流量测量仪表的种类繁多。孔板流量计、文丘里流量计、转子流量计和涡轮流量计作为常见的流量计，是本实验学习的主要内容。

（一）变压头流量计

孔板流量计和文丘里流量计的收缩口面积固定，收缩口上下游两端的压差随着流量的改变而变化，因此它们都属于变压头流量计。

流体通过变压头流量计时在流量计上、下游两取压口之间产生压强差，它与流量的关系为：

$$V_s = CA_0 \sqrt{\frac{2\Delta p}{\rho}} \tag{3-11}$$

式中　V_s——被测流体（水）的体积流量，m^3/s；

　　　C——流量系数，无量纲；

　　　A_0——流量计收缩口截面积，m^2；

　　　Δp——流量计上、下游两取压口之间的压强差，Pa；

　　　ρ——被测流体（水）的密度，kg/m^3。

根据实验测得的 V_s、A_0、Δp 和 ρ，可计算得出流量系数 C。

雷诺数 Re 是一种可用来表征流体流动情况的无量纲数。利用雷诺数可区分流体的流动是层流或湍流，也可用来确定物体在流体中流动所受到的阻力，常用下式表示：

$$Re = \frac{du\rho}{\mu} \tag{3-12}$$

式中　d——管路的平均直径，m；

　　　u——管路中液体的流速 $\left(u = \dfrac{V_s}{3600 \times \pi \left(\dfrac{d}{2}\right)^2} = \dfrac{4V_s}{3600 \times \pi d^2} \right)$，$m/s$；

　　　ρ——被测流体（水）的密度，kg/m^3；

μ——测量温度下，被测流体（水）的黏度，Pa·s。

1. 孔板流量计

孔板流量计工作原理如图 3-3 所示，在管道内与流动垂直的方向插入一片中央有圆孔的板，即构成孔板流量计。孔板流量计并不直接测量流量，而是测量孔板前后两测压点之间的压差。当流体流经孔板时，流量越大，压力改变的幅度（压差）也越大，压差与流量有一一对应的关系，这样确定好流量与压差的关系之后，可根据压差计算出流量，从而达到测量流量的目的。

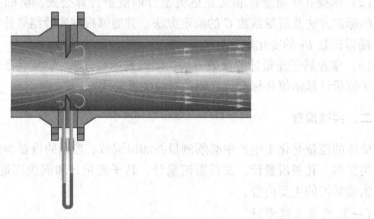

图 3-3　孔板流量计工作原理示意图

需要指出的是，孔板流量计虽然结构简单、更换方便，但是流体在流经孔板后，由于孔板阻力，会造成较大的机械能损失。

2. 文丘里流量计

为减少流体节流造成的能量损失，可用一段渐缩渐扩的短管代替孔板，这种改进型的流量计称之为文丘里流量计，如图 3-4 所示。

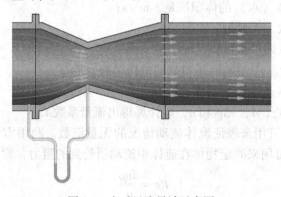

图 3-4　文丘里流量计示意图

当流体在渐缩渐扩段内流动时，流速变化平缓，阻力较小，从而大大降低了机械能的损失。

文丘里流量计的优点是能量损失小，但制造工艺比孔板流量计复杂，成本高，也不如孔板那样容易更换以适用于各种不同的流量测量。

（二）变截面流量计

孔板或文丘里流量计共同的特点是收缩口的截面积在测量流量时保持不变，根据变化的压差来指示流量，因此，它们属变压头流量计，也称变压差流量计。特点可归纳为 6 个字"恒截面、变压差"。

另一类流量计中，流体通过时的压差是固定的，而收缩处的面积却随流量变化，此种流量计属变截面流量计，其典型代表为转子流量计。特点也可归纳为 6 个字"恒压差、变截面"。

转子流量计系一根垂直锥形玻璃管，直径下小上大，并在管内装有密度大于流体、不被流体腐蚀材质制成的旋转自如的浮子，也称为转子，如图 3-5 所示。

当被测流体以一定流量自下而上流过锥形管时转子流量计时，流体在环隙有一定的速度，在转子的上、下端面形成一个压差，将转子冲击浮起。随着转子的上浮，环隙面积逐渐增大，环隙内的流速又将减小，转子两端的压差随之降低。当转子上浮至某一高度，转子上、下两端压差引起的升力等于转子本身所受的重力时，转子停留在某一定位置处，根据该处对应的刻度值可测量相应的流量。

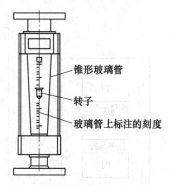

图 3-5　转子流量计示意图

转子流量计的读数读转子横截面最大处对应的刻度。一般小型浮子为球形，读球形中心对应的刻度；多数转子上端面的截面积最大，则读上端面对应的刻度。液体转子流量计出厂时采用 20 ℃ 的水进行标定。当被测流体与标定条件不相符时，应对原刻度加以校正。

（三）涡轮流量计

涡轮流量计是速度式流量计，如图 3-6 所示，主要由涡轮、电信号转换器和数字显示仪表 3 部分组成。当被测流体流过涡轮流量计传感器时，在流体的作用下，叶轮受力旋转，其转速与管道平均流速成正比，同时，叶片周期性地切割电磁铁产生的磁力线，改变线圈的磁通量，根据电磁感应原理，在线圈内将感应出脉动的电势信号，即电脉冲信号，此电脉冲信号经数字显示仪表处理后可显示相应的流量。

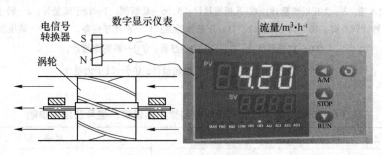

图 3-6　涡轮流量计示意图

涡轮流量测量精度高、反应速度快。本实验用涡轮流量计作为标准流量计来测量流量 V_s。

对于孔板流量计和文丘里流量计，每个流量在压差计都有一个对应的读数，以压差计读数 Δp 为横坐标，流量 V_s 为纵坐标，绘制曲线即为流量标定曲线。通过式（3-11）和式（3-12）计算并整理数据，可进一步得到流量系数 C 随雷诺数 Re 的变化关系曲线。

对于转子流量计，以转子流量计的示数为横坐标，流量 V_s 为纵坐标，绘制转子流量计的流量标定曲线，可得到转子流量计读数与标准值之间的对应关系。

三、实验装置和工艺流程

（一）实验装置

实验装置流程如图 3-7 所示，主要组成设备、型号及结构参数见表 3-6。

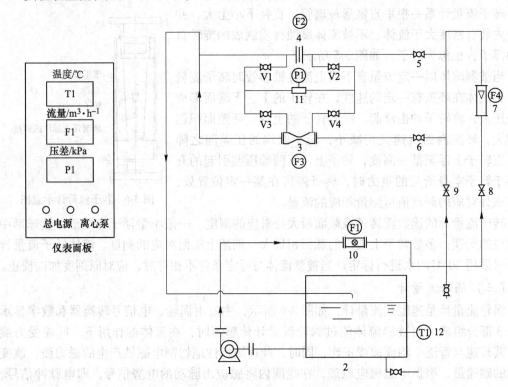

图 3-7　流体流量计性能测定实验装置流程示意图

1—离心泵；2—储水箱；3—文丘里流量计；4—孔板流量计；5, 6—切断阀；7—转子流量计；8—转子流量计调节阀；
9—流量计调节阀；10—涡轮流量计；11—压差传感器；12—温度感应器；V1~V4—测压阀门；

⑪—数显温度计；⑫—压差传感器；⑬—涡轮流量计；

⑭—孔板流量计；⑮—文丘里流量计；⑯—转子流量计

表 3-6　流体流量计性能测定实验装置主要设备、型号及结构参数

序号	位号	名　称	规格、型号
1	—	离心泵	WB70/055
2	—	水箱（长×宽×高）	550 mm×400 mm×450 mm
3	T1	数显温度计	Pt100, AI501B 数显仪表
4	F1	涡轮流量计	LWGY-15, 0~6 m³/h, AI501BV24 数显仪表
5	F2	孔板流量计	孔径 $\phi15$ mm
6	F3	文丘里流量计	喉径 $\phi15$ mm

序号	位号	名　　称	规格、型号
7	F4	转子流量计	LZB-40，量程 400~4000 L/h
8	P1	压差传感器	SM9320DP；0~200 kPa，AI501BV24 数显仪表
9	—	离心泵出入口管路	$\phi51×1.5$
10	V1~V4	阀门	球阀

（二）工艺流程

本实验以水作为流体，涡轮流量计作为标准流量计，来标定孔板流量计、文丘里流量计和转子流量计的流量。

孔板流量计的标定：水依次经过水箱、离心泵、涡轮流量计、流量计调节阀9、切断阀5、孔板流量计，返回水箱。

文丘里流量计的标定：水依次经过水箱、离心泵、涡轮流量计、流量计调节阀9、切断阀6、文丘里流量计，返回水箱。

转子流量计的标定：水依次经过水箱、离心泵、涡轮流量计、转子流量计调节阀8、转子流量计、切断阀5和孔板流量计（或者切断阀6和文丘里流量计），返回水箱。

四、实验步骤

（1）向储水箱内注入蒸馏水至三分之二，关闭流量计调节阀8、9。

（2）测量文丘里流量计性能：检查阀门 V1、V2、V3、V4 及 8、9、5 处于全关，打开阀门6，启动离心泵。打开阀门9及阀门 V3、V4，调节阀门9，按照流量从小到大的顺序进行实验，读取并记录涡轮流量计读数和文丘里流量计压差。将系列数据记录在表 3-7 原始数据记录表中。

（3）测量孔板流量计性能：检查阀门 V1、V2、V3、V4 及 8、9、6 处于全关，打开阀门5，启动离心泵。打开阀门9及阀门 V1、V2，调节阀门9，按照流量从小到大顺序进行实验，读取并记录涡轮流量计读数和孔板流量计压差。将系列数据记录在表 3-7 中。

（4）测量转子流量计性能：检查阀门 V1、V2、V3、V4 及 8、9 处于全关，打开阀门5、6，启动离心泵。调节阀门8，按照流量从小到大顺序进行实验读取并记录涡轮流量计读数和转子流量计读数记录到表 3-7 中。

（5）实验结束后，关闭流量调节阀8，停泵，一切复原。

实验二
实验操作教学视频

五、实验注意事项

（1）离心泵启动前关闭阀门8、9，避免电机启动电流过大，也避免由于冲击力过大将转子流量计的玻璃管打碎。

（2）实验水质要保证清洁，以免影响涡轮流量计的正常运行。

（3）用调节阀调节流量，在流量变化范围内读取约 10 组数据，注意合理分布读数间隔。

六、实验数据记录

将实验测得的数据记录在表 3-7 中。

表 3-7　原始数据记录表

序号	文丘里流量计			孔板流量计			转子流量计		
	压差 /kPa	涡轮流量 $Q/m^3 \cdot h^{-1}$	水温/℃	压差 /kPa	涡轮流量 $Q/m^3 \cdot h^{-1}$	水温/℃	转子流量 示值 $Q/m^3 \cdot h^{-1}$	涡轮流量 $Q/m^3 \cdot h^{-1}$	水温/℃
1									
2									
3									
4									
5									
6									
7									
8									
9									
⋮									

七、实验报告要求

（1）整理原始实验数据，输入计算机软件，生成数据整理表格。

（2）打印 C-Re 曲线及转子流量计的标定曲线。

（3）对实验现象和实验结果进行分析讨论，得出节流式流量计流量系数 C 随雷诺数 Re 的变化规律，写出分析结论。

八、思考题

（1）通过实验分析流体在流经孔板和文丘里流量计前后的能量变化情况。

（2）孔板流量计和文丘里流量计的安装需要注意什么问题？

（3）孔板流量计和文丘里流量计各有何优缺点？

（4）转子流量计的安装需要注意什么问题？

实验三 离心泵特性曲线与串并联总特性曲线的测定

一、实验目的

（1）掌握离心泵的结构、性能、开停车的正确方法及操作注意事项。

（2）掌握离心泵特性曲线、管路特性曲线的测定方法和离心泵工作点的概念。

实验三
理论教学视频

（3）掌握离心泵串、并联操作时物料流动流程和实验操作方法。

（4）掌握离心泵出口阀调节和转速调节 2 种流量调节的方法。

（5）理解管路中流量、压力、位置与流体机械能 3 种形式之间的内在联系。

二、实验原理

（一）离心泵特性曲线的测定

离心泵是生产生活中最常见的液体输送设备。一定型号的离心泵在一定的转速下，离心泵的扬程（压头）H、轴功率 N 及效率 η 均随流量 Q 而改变。通常通过实验测出离心泵的 $H \sim Q$、$N \sim Q$ 及 $\eta \sim Q$ 关系，用曲线表示，称为离心泵特性曲线。特性曲线是确定泵的适宜操作条件和选用泵的重要依据。离心泵特性曲线的测定原理如下。

1. 扬程（压头）H 的测定

在泵的吸入口和排出口之间列伯努利方程

$$Z_人 + \frac{p_人}{\rho g} + \frac{u_人^2}{2g} + H = Z_出 + \frac{p_出}{\rho g} + \frac{u_出^2}{2g} + H_{f人-出} \tag{3-13}$$

$$H = (Z_出 - Z_人) + \frac{p_出 - p_人}{\rho g} + \frac{u_出^2 - u_人^2}{2g} + H_{f人-出} \tag{3-14}$$

式（3-14）中 $H_{f人-出}$ 是泵的吸入口和压出口之间管路内的流体流动阻力，与伯努利方程中其他项比较，$H_{f人-出}$ 值很小，故可忽略。于是式（3-14）简化为：

$$H = (Z_出 - Z_人) + \frac{p_出 - p_人}{\rho g} + \frac{u_出^2 - u_人^2}{2g} \tag{3-15}$$

将测得的 $(Z_出 - Z_人)$ 和 $(p_出 - p_人)$ 的值以及计算所得的 $u_人$、$u_出$ 代入式（3-15），即可求得 H 值。

2. 轴功率 N 的测定

功率表测得的功率为电动机的消耗功率，也就是输入功率。泵由电动机通过轴直接带动，传动过程基本无能量损失，传动效率可视为 1，所以电动机的输出功率等于泵的轴功率，单位为 kW。即：

泵的轴功率 N＝电动机的输出功率

电动机输出功率＝电动机输入功率×电动机效率

故　　　　　　　　　　泵的轴功率 N＝功率表读数×电动机效率

3. 泵的效率 η 的测定

$$\eta = \frac{N_e}{N} \tag{3-16}$$

$$N_e = \frac{HQ\rho g}{1000} = \frac{HQ\rho}{102} \tag{3-17}$$

式中　η——泵的效率；

　　　N——泵的轴功率，kW；

　　　N_e——泵的有效功率，kW；

　　　H——泵的扬程，m；

　　　Q——泵的流量，m^3/s；

　　　ρ——水的密度，kg/m^3。

（二）管路特性曲线的测定

管路特性一般指流体在管路中流动时阻力的大小。离心泵在使用过程中需要安装在特定的管路系统中，这样离心泵实际的工作压头和流量不仅与离心泵本身的性能有关，还与管路特性，也就是管路阻力的大小有关。在液体输送过程中，泵和管路二者是相互制约的。

管路特性曲线是指流体流经管路系统的流量与所需压头之间的关系。若将离心泵的特性曲线与管路特性曲线绘制在同一坐标图上，则两曲线交点即为泵在该管路的工作点。因此，与通过改变阀门开度来改变管路特性曲线，求出泵的特性曲线类似，可通过改变离心泵转速来改变泵的特性曲线，从而得出管路特性曲线。

实验中通过调节变频器的频率值来改变离心泵的转速。离心泵的压头 H 与流体流经管路系统需压头数值相等，计算式同离心泵特性曲线的测定式（3-13）~式（3-15）。

（三）串、并联操作

当单台离心泵不能满足流量或压头的输送任务要求时，可采用离心泵加以组合的操作。实验中学习同型号离心泵的 2 种组合方式：串联和并联。离心泵的串、并联类似中学物理中 2 节电池的串联和并联。

1. 串联操作

将 2 台型号相同的泵串联工作时，流体先经过 1 个离心泵，然后经过第 2 个离心泵，每台泵的流量相同，每台离心泵的扬程也相同。因此，在同一流量下，串联泵的压头为单台泵的 2 倍，但实际操作中由于工作点受泵串联特性曲线和管路特性曲线共同控制，导致 2 台泵串联操作的总压头低于单台泵压头的 2 倍，串联流量大于单泵的流量。应当注意，串联操作时，离心泵提供的机械能转化为静压能，导致流体产生的压力每经过 1 个离心泵都有所增加，这样最后 1 台泵所受的压力最大，如串联泵组台数过多，可能会导致最后 1 台泵因强度不够而受损坏。最后 1 个泵之后的管路和仪表也要注意产生的压力不要超过管道和仪表的耐压强度。

2. 并联操作

2 台型号相同的离心泵并排工作，而且各自的吸入管路相同，泵将流体吸入泵内，给流体提供机械能后流体汇集到同一管道。由于是并排的相同的工作，2 台泵的流量和压头必相同，也就是说并联操作具有和单泵操作相同的泵的特性曲线和管路特性曲线。在同一扬程下，2 台泵并联操作的流量等于单台泵的 2 倍，但由于流量增大使管路流动阻力增加，导致总流量降低，因此 2 台泵并联后的总流量必低于原单台泵流量的 2 倍，压头高于单泵的压头。并联的离心泵台数 3 台以上时，由于管道阻力的继续增加，流量增加更少，所以实际生产中 3 台以上的泵并联操作一般无实际意义。

三、实验装置和工艺流程

（一）实验装置

流体离心泵性能测定实验装置流程示意图如图 3-8 所示。

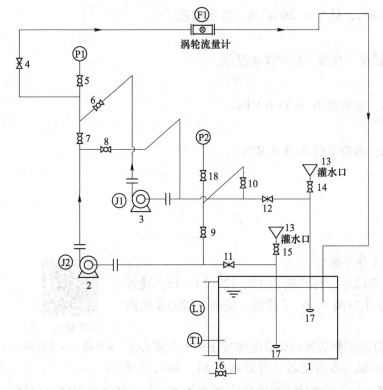
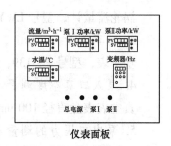

图 3-8　离心泵性能测定流程示意图

1—水箱；2—离心泵Ⅱ；3—离心泵Ⅰ；4—流量调节阀；5~12，14~16，18—阀门；

13—灌水漏斗；17—底阀；(F1)—涡轮流量计；(T1)—温度计；(P1)—离心泵出口压力；

(P2)—离心泵入口压力；(J1)—离心泵Ⅰ电机输入功率；(J2)—离心泵Ⅱ电机输入功率；(L1)—水箱液位

（二）工艺流程

单泵操作时，离心泵将水从水箱中抽出，流经流量计后又回到水箱。

双泵串联操作时，从水箱抽出的水先经过泵Ⅱ，然后经过阀门 8 的管道后，再经过泵Ⅰ，经过流量计和管道后流回水箱。

双泵并联操作时，关闭阀门 8，2 台泵并联从水箱抽水，出泵后汇集在一起，流回水箱。水在实验中循环流动。

（三）实验设备主要技术参数

1. 设备参数

（1）离心泵：型号 WB70/055。

（2）真空表测压位置管内径 $d_入=0.042$ m。

（3）压强表测压位置管内径 $d_出=0.042$ m。

（4）真空表与压强表测压口之间垂直距离 $h_0=0.53$ m。

（5）实验管路 $d=0.042$ m。

（6）电机效率 $\eta_{电机}=60\%$。

2. 流量测量

涡轮流量计，型号 LWY-40C，量程 0~20 m^3/h，数字仪表显示。

3. 功率测量

功率表，型号 PS-139，精度 1.0 级，数字仪表显示。

4. 泵入口真空度测量

真空表表盘直径 100 mm，测量范围 −0.1~0 MPa。

5. 泵出口压力的测量

压力表表盘直径 100 mm，测量范围 0~0.6 MPa。

6. 温度计

Pt100，数字仪表显示。

四、实验步骤

（一）离心泵特性曲线（单泵操作）

实验三
实验操作教学视频

（1）首先向水箱内注入蒸馏水，打开阀门 11、12、14、15，通过灌水漏斗灌泵。必要时打开泵出口阀 4、6、7 排气，使吸入管和泵壳内充满水。

（2）将全部阀门关闭。打开实验装置面板总电源按钮和 1 个离心泵的按钮，一般选择泵Ⅱ，此时泵并没有运转。打开阀门 11，如果变频器示值不是 50 Hz，用变频器上 ▲ 、 ▼ 及 ◄ 键设定频率为 50 Hz，或使用旋钮电位器 FREQ. SET 调节至 50 Hz，然后按 RUN/STOP 键启动离心泵，离心泵才开始运转。

（3）缓慢打开阀门 4，待系统内流体稳定，打开压力表阀门 5 和真空表的开关阀门 9、18，方可测取数据。

（4）通过阀门 4 调节流量，数据测取顺序可从流量为 0 调至最大流量，或反之。一般测 10~20 组数据。每次调节流量后，待数据稳定后同时记录：流量、真空表（即入口压力）、压力表（即出口压力）、离心泵对应的功率表的读数（应大于 0.4 kW）及水温度。记录于表 3-8 中。

注意：若功率表显示值≤0.1 kW，则示值错误。需关机，待 1 min 后再开机。

（5）实验结束，关闭流量调节阀 4，停泵。

（二）管路特性的测量（单泵操作）

（1）首先将全部阀门关闭。打开泵Ⅱ进口处阀门 11（该阀门在实验中可以一直处于全开状态，因为离心泵进口管路不应设置阀门，会增加汽蚀的可能性），用变频调速器启动离心泵Ⅱ（单泵操作，以泵Ⅱ为例，也可以只开泵Ⅰ）。通过阀门 4 调节流量为某一固定值，参考值 3~6 m³/h。

（2）通过变频器调节离心泵电机供电的输入频率，频率改变引起电机转速改变，测定一系列的输入频率以得到管路特性改变状态，调节范围（20~50 Hz）。改变顺序可以从大到小，也可以从小到大。

（3）频率每改变 1 次，待稳定后，记录以下数据：供电频率值、涡轮流量计的流量、泵入口真空度、泵出口压强。记录于表 3-9 中。

（4）实验结束，关闭调节阀 4，通过变频器 RUN/STOP 键关闭离心泵，再按泵的控制按钮，停泵。

（三）双泵串联操作

首先将全部阀门关闭，打开阀门 11，然后启动泵Ⅰ和泵Ⅱ，并打开阀门 6、8，实验数据测量与单泵相同，注意 2 台泵的功率应基本一致且都记录。记录于表 3-10 中。

（四）双泵并联操作

首先将全部阀门关闭，打开阀门 11 和阀门 12，然后启动泵Ⅰ和泵Ⅱ，并打开阀门 6、7，实验数据测量与单泵相同，注意 2 台泵的功率应基本一致且都记录。记录于表 3-11 中。

概念辨析

离心泵的"气缚"与"汽蚀"

（1）气缚：由于离心泵内存在空气等气体，启动离心泵后吸不上液的现象，称"气缚"。"气缚"现象发生后，离心泵空转，无噪声、振动。为防止"气缚"现象发生，启动前泵壳及吸入管应灌满液体。

（2）汽蚀：由于离心泵内真空度过大，液体汽化，形成蒸气泡，被叶轮甩出的过程中压力增大，蒸气泡冷凝消失，周围液体冲击汽泡中心，对离心泵造成损坏，称"汽蚀"。"汽蚀"发生时液体因冲击而产生噪声、振动，使流量减少，甚者无液体流出。为防止"汽蚀"发生，要尽量除低泵入口处的真空度，如降低安装高度、加粗进口管、不可安装阀门，或降低液体的温度。

五、实验注意事项

（1）变频调速器 RUN/STOP 键是 1 个按键，操作时按中间位置。按 1 次为 RUN（运行），再按为 STOP（停止）。切勿按 FWD/REV 键，会使电机反转。

（2）启动离心泵之前，一定要关闭压力表和真空表的控制阀门 5 和 18，以免离心泵启动时对压力表和真空表造成损害。

（3）因离心泵效率极值点出现在大流量时，所以实验布点应遵循大流量多布点、小流量少布点的原则。

（4）注意泵前的压力为负压，其"入口压力"读数为负值。

六、实验数据记录

将实验测得的数据记录在表3-8~表3-11中。

表 3-8　离心泵性能测定实验数据记录表（单泵）

液体温度_____℃；液体密度 $\rho =$_____kg/m³；泵进出口测压点高度差 =_____m；泵吸入口管径_____mm；泵排出口管径_____mm。

序号	流量 $Q/\mathrm{m^3 \cdot h^{-1}}$	入口压力 p_1/MPa	出口压力 p_2/MPa	电机功率/kW
1				
2				
3				
4				
5				
6				
⋮				

表 3-9　管路特性曲线测定实验数据记录表（单泵）

液体温度_____℃；液体密度 $\rho =$_____kg/m³；泵进出口测压点高度差 =_____m；泵吸入口管径_____mm；泵排出口管径_____mm。

序号	供电频率/Hz	入口压力 p_1/MPa	出口压力 p_2/MPa	流量 $Q/\mathrm{m^3 \cdot h^{-1}}$
1				
2				
3				
4				
5				
6				
⋮				

表 3-10　双泵串联实验数据记录表

液体温度_____℃；液体密度 $\rho =$_____kg/m³；泵进出口测压点高度差 =_____m；泵吸入口管径_____mm；泵排出口管径_____mm。

序号	流量 $Q/\mathrm{m^3 \cdot h^{-1}}$	入口压力 p_1/MPa	出口压力 p_2/MPa	电机Ⅰ功率/kW	电机Ⅱ功率/kW
1					
2					
3					
4					
5					
6					
⋮					

表 3-11　双泵并联实验数据记录表

液体温度_____ ℃；液体密度 ρ = _____ kg/m³；泵进出口测压点高度差 = _____ m；泵吸入口管径_____ mm；
泵排出口管径_____ mm。

序号	流量 $Q/\text{m}^3 \cdot \text{h}^{-1}$	入口压力 p_1/MPa	出口压力 p_2/MPa	电机 I 功率/kW	电机 II 功率/kW
1					
2					
3					
4					
5					
6					
⋮					

七、实验报告要求

（1）将原始数据记录在相应的表格中，实验完毕后输入电脑，绘制并分析离心泵在一定转速下的特性曲线，写明特性曲线展示的规律。

（2）绘制并分析流量调节阀某一开度下管路特性曲线。

（3）绘制并分析同一型号离心泵串、并联在一定转速下的特性曲线。

（4）计算分析实验结果，判断单泵工作时的最适宜的工作范围。

八、思考题

（1）离心泵启动前为什么要灌泵？

（2）从所测数据分析，离心泵启动时为什么要关闭出口阀门？

（3）离心泵流量增大时，压力表和真空表的数值如何变化，为什么？

（4）正常工作的离心泵，能否在离心泵的进口管路安装调节阀，为什么？

实验四　恒压过滤常数的测定

实验四
理论教学视频

一、实验目的

（1）学习板框压滤机的设备构造和板框的安装次序、过滤操作方法。

（2）通过恒压过滤实验，验证过滤基本理论。

（3）掌握测定一定压力下过滤常数 K、q_e、虚拟过滤时间 τ_e 及压缩性指数 s 的方法。

（4）（∗选做）了解滤饼的洗涤过程及洗涤的计算。

二、实验原理

过滤是在外力的作用下，使悬浮液中的液体通过多孔介质的孔道而固体颗粒被截留在多孔介质上形成滤饼层，从而实现固、液分离的一种操作。其本质是流体通过固体颗粒层的流动，而这个固体颗粒层（滤饼层）的厚度随着过滤的进行而不断增加，流动阻力随之不断增加，故在恒压过滤操作中，过滤速度不断降低。

过滤速度 u 定义为单位时间单位过滤面积内通过过滤介质的滤液量，单位为 $m^3/(m^2 \cdot s)$，简化为 m/s。过滤设备的生产能力通常以单位时间内获得的滤液体积来计算，单位 m^3/h。

$$\text{生产能力} = \text{过滤速度} \times \text{过滤面积}$$

影响过滤速度的因素会影响生产能力，影响因素包括过滤推动力（压强差）Δp，滤饼厚度 L，还有滤饼和悬浮液的性质、悬浮液温度（主要为温度引起黏度变化）、过滤介质的阻力等。设备过滤面积的大小也影响生产能力。

过滤时滤液流过滤渣和过滤介质的流动过程基本上处在层流流动范围内，因此，过滤速度计算式可表示为：

$$u = \frac{\mathrm{d}V}{A\mathrm{d}\tau} = \frac{\mathrm{d}q}{\mathrm{d}\tau} = \frac{A\Delta p^{1-s}}{\mu \cdot r \cdot C(V + V_e)} \tag{3-18}$$

式中　u——过滤速度，m/s；

　　　V——通过过滤介质的滤液量，m^3；

　　　A——过滤面积，m^2；

　　　τ——过滤时间，s；

　　　q——通过单位面积过滤介质的滤液量，m^3/m^2；

　　Δp——过滤压力（表压）Pa；

　　　s——滤渣压缩性系数；无量纲；

　　　μ——滤液的黏度，$Pa \cdot s$；

　　　r——滤渣比阻，$1/m^2$；

　　　C——单位滤液体积的滤渣体积，m^3/m^3；

　　　V_e——过滤介质的当量滤液体积，m^3。

对于一定的悬浮液，在恒温和恒压下过滤时，μ、r、C 和 Δp 都恒定，为此令：

$$K = \frac{2\Delta p^{1-s}}{\mu \cdot r \cdot C} \tag{3-19}$$

于是式（3-18）可改写为：

$$\frac{\mathrm{d}V}{\mathrm{d}\tau} = \frac{KA^2}{2(V + V_e)} \tag{3-20}$$

式中　K——过滤常数，由物料特性及过滤压差所决定，$\mathrm{m^2/s}$。

将式（3-20）分离变量积分，整理得：

$$\int_{V_e}^{V+V_e} (V + V_e)\mathrm{d}(V + V_e) = \frac{1}{2}KA^2\int_0^\tau \mathrm{d}\tau \tag{3-21}$$

即

$$V^2 + 2VV_e = KA^2\tau \tag{3-22}$$

将式（3-21）的积分极限改为从 0 到 V_e 和从 0 到 τ_e 积分，则：

$$V_e^2 = KA^2\tau_e \tag{3-23}$$

将式（3-22）和式（3-23）相加，可得：

$$(V + V_e)^2 = KA^2(\tau + \tau_e) \tag{3-24}$$

式中　τ_e——虚拟过滤时间，相当于滤出滤液量 V_e 所需时间，s。

再将式（3-24）微分，得：

$$2(V + V_e)\mathrm{d}V = KA^2\mathrm{d}\tau \tag{3-25}$$

将式（3-25）写成差分形式，则

$$\frac{\Delta\tau}{\Delta q} = \frac{2}{K}\bar{q} + \frac{2}{K}q_e \tag{3-26}$$

式中　Δq——每次测定的单位过滤面积滤液体积（实验中一般等量分配），$\mathrm{m^3/m^2}$；

　　　$\Delta\tau$——每次测定的滤液体积 Δq 所对应的时间，s；

　　　$\bar{q}$——相邻两个 q 值的平均值，$\mathrm{m^3/m^2}$。

以 $\Delta\tau/\Delta q$ 为纵坐标，$\bar{q}$ 为横坐标将式（3-26）标绘成一直线，可得该直线的斜率和截距，斜率：

$$S = \frac{2}{K} \tag{3-27}$$

截距：

$$I = \frac{2}{K}q_e \tag{3-28}$$

则

$$K = \frac{2}{S}, \quad \mathrm{m^2/s} \tag{3-29}$$

$$q_e = \frac{KI}{2} = \frac{I}{S}, \quad \mathrm{m^3} \tag{3-30}$$

$$\tau_e = \frac{q_e^2}{K} = \frac{I^2}{KS^2}, \quad \mathrm{s} \tag{3-31}$$

改变过滤压差 Δp，可测得不同的 K 值，由 K 的定义式（3-19）两边取对数得：

$$\lg K = (1 - s)\lg(\Delta p) + B \tag{3-32}$$

在实验压差范围内，若 B 为常数，则 $\lg K$-$\lg(\Delta p)$ 的关系在直角坐标上应是一条直线，斜率为 $(1-s)$，可得滤饼压缩性指数 s。

三、实验装置与工艺流程

（一）实验装置

板框过滤实验装置流程如图 3-9 所示：主要由滤浆槽、洗涤液槽、旋涡泵、板框过滤机组等组成。

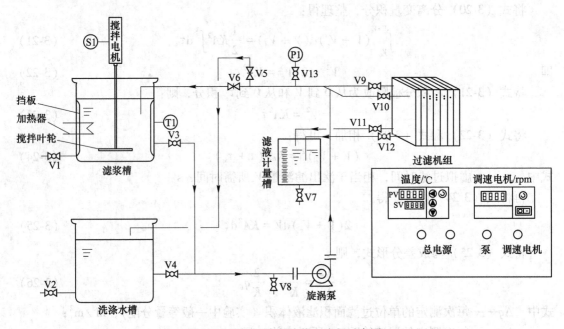

图 3-9　板框过滤实验装置流程示意图

Ⓣ—温度计；Ⓟ—压力表；Ⓢ—电机调速仪；V1，V2，V7，V8—放水阀；

V3—过滤料液进口阀；V4—洗涤液进口阀；V5—洗涤液循环阀；

V6—料液循环阀；V9—料液进口阀；V10—洗涤液进口阀；V11，V12—滤液出口阀；

V13—压力表阀门

（二）工艺流程

本实验装置由旋涡泵机、滤浆槽、洗涤液槽、板框过滤机等组成，$CaCO_3$ 的悬浮液在滤浆槽内配制一定浓度（3%~5%，质量分数）后，利用旋涡泵送入板框压滤机过滤，滤液流入滤液计量装置计量。

（＊选做）滤饼洗涤时，洗涤用清水同样利用旋涡泵通过洗涤通道送入板框压滤机，洗涤用清水从洗涤板侧经过滤布，横穿滤饼和另一侧的滤布，到达非洗涤板，洗涤用清水同样流入滤液计量装置计量。

（三）板框参数

实验装置中过滤、洗涤管路分布如图 3-10 所示。设备主要技术参数见表 3-12。

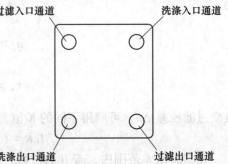

过滤入口通道　　洗涤入口通道

洗涤出口通道　　过滤出口通道

图 3-10　板框过滤机固定头管路分布图

表 3-12 实验设备主要技术参数

序号	位号	名称	规格
1	S1	搅拌电机	型号：KDZ-1
2	—	滤布	工业用
3	—	过滤面积 A	$A = 0.0475 \ \text{m}^2$
4	—	滤液计量槽	长 327 mm，宽 286 mm
5	T1	温度传感器	Pt100 热电阻
6		数显温度计	AI501B 数显仪表
7	P1	压力表	0～0.2 MPa
8		旋涡泵	DW2-30/037

四、实验步骤

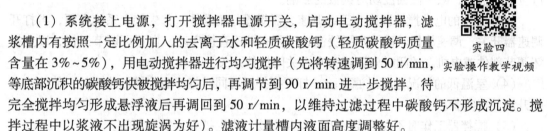

实验四
实验操作教学视频

（1）系统接上电源，打开搅拌器电源开关，启动电动搅拌器，滤浆槽内有按照一定比例加入的去离子水和轻质碳酸钙（轻质碳酸钙质量含量在 3%～5%），用电动搅拌器进行均匀搅拌（先将转速调到 50 r/min 等底部沉积的碳酸钙快被搅拌均匀后，再调节到 90 r/min 进一步搅拌，待完全搅拌均匀形成悬浮液后再调回到 50 r/min，以维持过滤过程中碳酸钙不形成沉淀。搅拌过程中以浆液不出现旋涡为好）。滤液计量槽内液面高度调整好。

（2）注意板框侧面的标志和板框的排列顺序，按如下顺序安装：固定头—非洗涤板（·）—框（∶）—洗涤板（∷）—框（∶）—非洗涤板（·）—可动头。安装滤布，把滤布用水湿透，再将滤布覆以滤框两侧，注意滤布的孔要对准滤板上相应的孔道，滤布要平整无褶皱，将密封垫紧贴滤布。先慢慢转动压紧装置，然后再用力压紧，防止手指挤压伤。

（3）使阀门 V3、V6、V11、V12 处于全开、其余阀门处于全关状态。启动旋涡泵，打开压力表 P1 的阀门 V13，利用调节阀门 V6 使压力 P1 达到规定值（可分别在 0.05 MPa、0.10 MPa、0.15 MPa 下进行实验）。

（4）待压力表 P1 数值稳定后，打开过滤入口阀 V9 开始过滤。为了方便计量，滤液计量槽内应留有一定的液位高度，或先加入一定量清水，在液面计上读出，作为测量基准，并记录好液面高度。当滤液计量槽内过滤得到第一滴液体时开始计时，记录滤液每增加高度 5 mm 时所用的时间。当滤液计量槽读数为 150 mm 时停止计时，并立即关闭后进料阀 V9。数据记录表见表 3-13。

（5）打开阀门 V6 使压力表 P1 所在的管道物料压力下降，关闭旋涡泵。放出滤液计量槽内的滤液。注意放到初始记录的基准液面高度附近即可，不要放空计量槽。滤液倒回滤浆槽内，不得丢弃。

（6）开启压紧装置卸下过滤框内的滤饼同样混合进滤浆槽内，以保证滤浆浓度恒定。将卸下的滤布清洗干净，滤布清洗时不要折，应当用刷子清洗。

（7）改变压力值，从步骤（2）开始重复上述实验。

（8）（＊选做）若进行滤饼洗涤实验，则每个压力过滤阶段需待滤液渐慢逐渐呈滴状时才可以停止，这时滤饼才充满滤框以便于洗涤。板框过滤机滤饼的洗涤采用横穿洗涤法。关闭阀门 V3、V6，打开阀门 V4、V5、V10。打开压力表 P1 阀门 V13，调节阀门 V5 使压力表 P1 达到过滤要求的数值。打开阀门 V11，等到阀门 V11 有液体流下时开始计时，洗涤量为过滤量的四分之一。实验结束后，放出计量槽内的滤液并倒入洗涤液槽内，开启压紧装置卸下过滤框内的滤饼同样混合进滤浆槽内。

（9）实验结束，清洗滤框、滤板，滤布不要折，应当用刷子清洗。恢复原状，关闭电源。

五、实验注意事项

（1）滤板与滤框注意侧面不同数量的"点"作为标志，注意按规则排列，板框之间的密封垫要放正。如板框漏液，首先加大摇柄的力度压紧板框，如不能解决则需拆开板框检查滤布是否平整或密封垫是否错位。

（2）实验中压力有变化需要及时调回，以保证"恒压"过滤状态。计量槽的进液管口应紧贴桶壁，减少液面波动对读数的影响。

（3）滤浆的电动搅拌调速为无级调速，需缓慢仔细操作。首先接上系统电源，再打开调速器开关，调速旋钮转动一定要缓慢，不可高转速直接启动，也不可调节过快，以免损坏调节部件或电机。关闭时先调速为 0 再关闭搅拌开关。

（4）室温低的情况进行过滤实验，打开搅拌后可同时打开滤浆槽加热开关，使滤浆适当升温便于实验。

（5）搅拌器工作时不要靠得太近，以免衣物、头发被卷入发生危险。

六、实验数据记录

将实验测得的数据记录在表 3-13 中。

表 3-13　原始数据记录表

过滤机类型：板框过滤机，使用滤框个数 __2__，滤布种类 _帆布_，过滤面积 _____ m²。

过滤压力 /MPa	过滤操作计量			1	2	3	4	5	6	7	8	…
0.05	滤液量	增量	ΔH/mm									
		累积量	$\sum H$/mm									
	过滤时间	增量	$\Delta \tau$/s									
		累积量	$\sum \tau$/s									
0.10	滤液量	增量	ΔH/mm									
		累积量	$\sum H$/mm									
	过滤时间	增量	$\Delta \tau$/s									
		累积量	$\sum \tau$/s									
0.15	滤液量	增量	ΔH/mm									
		累积量	$\sum H$/mm									
	过滤时间	增量	$\Delta \tau$/s									
		累积量	$\sum \tau$/s									

七、实验报告要求

（1）由恒压过滤实验数据求过滤常数 K、q_e、τ_e。

（2）比较几种压差下的 K、q_e、τ_e 值，讨论压差变化对以上参数数值的影响。

（3）在直角坐标纸上绘制 $\lg K - \lg \Delta p$ 关系曲线，求出滤饼压缩性指数 s。

八、思考题

（1）过滤速率与过滤速度有何不同？

（2）恒压过滤时，欲增加过滤速率，可行的措施有哪些？

（3）当操作压强增加一倍，其 K 值是否也增加一倍？要得到同样的滤液，其过滤时间是否缩短了一半？

实验五　搅拌器性能的测定

实验五
理论教学视频

一、实验目的

（1）掌握搅拌器的液相搅拌功率曲线和空气-液相搅拌功率曲线的测定方法。

（2）了解影响搅拌功率的主要因素。

（3）（＊选做）观察搅拌桨在不同液体中的流型特点。

二、实验原理

搅拌作为重要的化工单元操作之一，常用于以下几种场合：

（1）可互溶的液体彼此混合均匀，例如用溶剂将浓溶液稀释。

（2）不互溶的液体混合，例如用与液体不互溶的溶剂对前者进行洗涤；用液体萃取另一液体，或制备乳浊液等。

（3）固体颗粒在液体中悬浮，例如在液体中溶化固体颗粒，从溶液中将固体结晶出来，用液体浸取固体中的可溶物质，用固体吸附液体中的污染物，促进液体与固体之间的化学反应，将催化剂悬浮在液体反应物中等。

（4）促进气液接触，加快气液间的传质或反应。

（5）促进液体与容器壁之间的传热，以防止局部过热等。

（一）搅拌设备

常见的搅拌设备由搅拌槽、旋转轴及安装在轴上的叶轮和辅助部件（如支架、密封装置、槽壁上的挡板等）3部分组成，如图3-11所示。其中叶轮（或称为搅拌器）是搅拌系统的主件，它随轴旋转而将机械能施加于液体，推动液体运动。叶轮的式样很多，广泛使用的基本上有3类：桨式、透平式和船用螺旋桨式（简称螺旋桨式）。

本实验搅拌设备使用的是桨式叶轮，对于简单的搅拌问题，用安装在垂直轴上的平板构成的平桨即可，常用的有2片桨叶或4片桨叶。叶片有时是斜的，但较普通的还是垂直的。垂直叶片在槽中央以低速或中速旋转，将液体沿径向及切向拨动；液体先向槽壁运动，然后再向上或向下流。若用斜片桨，还有轴向推动。若搅拌槽比较深，则一根垂直旋转轴上可以自上而下安装几组桨。

平桨式搅拌器可用于简单的液体混合、固体的悬浮和溶化、气体的分散。此种叶轮并不产生高速液流，故适用于处理高黏度的液体。它的主要缺点是不易产生垂直液流，因此使固体悬浮的效果较差。

（二）打漩现象

对于平底圆形搅拌槽，槽壁光滑无任何障碍物，且叶轮放在槽的中心线上时，黏度较小的液体将随着叶轮旋转的方向循着槽壁滑动。这种旋转运动产生所谓的打漩现象，可造成下列不良后果：液体只是随着叶轮团团转，而很少产生横向的或垂直的上下运动及发生混合的机会；叶轮轴周围的液面下降，形成一个旋涡，旋转速度愈大则旋涡中心向下凹的程度愈深，最后可凹到与叶轮接触。此时，外面的空气可进入叶轮而被吸到液体中，叶轮

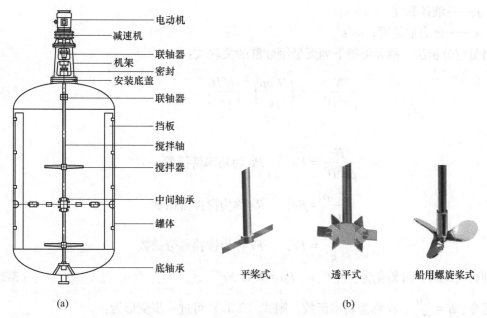

图 3-11　典型的搅拌器装置及常见叶轮式样

（a）常见的搅拌装置；（b）常见叶轮式样

所接触的是密度较小的气液混合物，所需的搅拌功率显著下降，这表明打漩现象还限制了施加于液体的搅拌功率并限制了叶轮的搅拌效力；打漩时功率的波动会引起异常的作用力，易使转轴受损。

避免打漩现象的方法：

（1）安装垂直挡板在搅拌槽壁上，借以打断液体随叶轮团团转的运动。

（2）偏心安装叶轮，即不将叶轮放在槽的中心线上而放在偏心的位置上，借以破坏系统的对称。

（三）搅拌功率

搅拌功率是指搅拌釜内单位体积液体的能耗，是为了达到规定的搅拌目的而需付出的代价，是衡量搅拌性能好坏的根据之一。液体受搅拌所需功率取决于所期望的液流速度及湍动的大小。具体地说，功率与叶轮的形状、大小和转速，液体的黏度和密度，搅拌槽的大小和内部构件（有无挡板或其他障碍物）以及叶轮在液体中的位置等有关。由于所涉及的变量多，进行实验时可借助于量纲分析，将功率消耗和其他参数联系起来。

液体搅拌功率消耗可表达为下列诸变量的函数：$N = f(n, D, \rho, \mu, g)$

利用量纲分析法，可设：

$$N = K n^a D^b \rho^c \mu^d g^e \tag{3-33}$$

式中　N——搅拌功率，W；

　　　K——无量纲常数；

　　　n——转速，r/s；

　　　D——叶轮直径，m；

　　　ρ——液体密度，kg/m³；

μ——液体黏度，Pa·s；

g——重力加速度，m/s^2。

由量纲分析法，推导可得下列无量纲数群的关联式：

$$\frac{N}{\rho n^3 D^5} = K \left(\frac{D^2 n\rho}{\mu}\right)^x \left(\frac{n^2 D}{g}\right)^y \tag{3-34}$$

令：

$$\frac{N}{\rho n^3 D^5} = Po, \qquad Po \text{ 为功率特征数}$$

$$\frac{D^2 n\rho}{\mu} = Re, \qquad Re \text{ 称为搅拌雷诺数}$$

$$\frac{n^2 D}{g} = Fr, \qquad Fr \text{ 称为搅拌弗劳德数}$$

则式（3-34）可简化为：

$$Po = KRe^x Fr^y \tag{3-35}$$

再令：$\phi = \dfrac{Po}{Fr^y}$，ϕ 称为功率函数，则式（3-35）可进一步变形为：

$$\phi = \frac{Po}{Fr^y} = KRe^x \tag{3-36}$$

对于不打漩的系统，重力影响甚微，弗劳德数的指数 y 可取为 0，于是式（3-36）又简化为：

$$\phi = Po = KRe^x \tag{3-37}$$

将 ϕ 值对 Re 值在双对数坐标纸上标绘，可以得到所称的功率曲线。对于一个具体的几何构型，只有一条功率曲线，它与搅拌槽的大小无关。因此，大小不同的搅拌槽，只要几何构型相似（各部分的尺寸比例相同），就可以应用同一条功率曲线，这也是搅拌器工程放大的基础。

本实验装置的搅拌功率 N，可按下式计算：

$$N = I \times V - (I^2 \times R + 0.017 n^{1.2}) \tag{3-38}$$

式中　I——搅拌电机的电流，A；

　　　V——搅拌电机的电压，V；

　　　R——搅拌电机的内阻，30 Ω；

　　　n——搅拌电机的转速，r/s。

三、实验装置和工艺流程

（一）实验装置

本实验使用的搅拌器性能测定实验的装置简图如图 3-12 所示。该实验装置使用 4 片平桨式叶轮，且搅拌槽壁上安装有垂直挡板，此外还可使用空气压缩机向液体中引入空气，通过气体分布器使气-液两相混合均匀，进而获得气-液相（空气-水）。因此我们利用该装置，既可测定搅拌器的液相搅拌功率曲线，又可测定气-液相搅拌功率曲线。

搅拌器性能测定实验的装置面板如图 3-13 所示。

搅拌器性能的测定实验装置的主要设备、型号及结构参数见表 3-14。

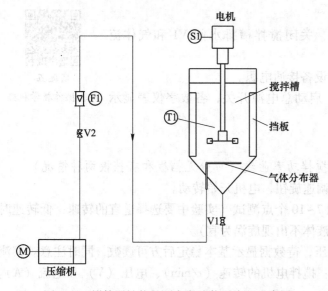

图 3-12 搅拌器性能的测定实验装置流程示意图

Ⓜ—空气压缩机；Ⓕ₁—气体转子流量计；Ⓣ₁—温度计；

Ⓢ₁—搅拌电机；V1—搅拌槽排水阀；V2—气体流量控制阀

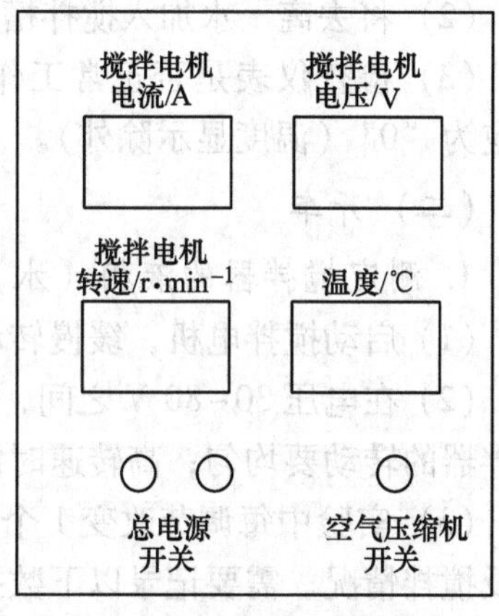

图 3-13 搅拌器性能的
测定实验装置面板图

表 3-14 搅拌器性能的测定实验装置主要设备、型号及结构参数

序号	位号	名　称	规格、型号
1	—	搅拌釜	内径 286 mm；高 560 mm；液高 400 mm
2	M	空气压缩机	OTS550-25（45/7）
3	F1	气体转子流量计	LZB-10，0.25~2.5 m³/h
4	S1	搅拌电机	J110ZYT52PX6；转速 250 r/min（立式）
5	—	数显转速仪表	AI708HI₂
6	—	数显电压表，数显电流表	AI501B
7	T1	数显温度计	Pt100，AI501B
8	V1	搅拌槽排水阀门	球阀
9	V2	气体流量控制阀门	针阀

（二）工艺流程

本实验装置中，平桨式叶轮在搅拌电机的作用下，在搅拌槽中央以低速或中速旋转，使液体产生径向流型，径向流动主要与槽壁和叶轮轴垂直，并在槽壁挡板和叶轮轴附近转折，进而向上下垂直流动，使液体产生轴向流型。此时搅拌槽里既有水平的液流，也有垂直的液流，使液体有良好的从顶到底的翻转运动，从而有利于混合。

空气由空气压缩机引入，经气体流量控制阀和气体转子流量计后，通过气体分布器进入液体中进行分散，形成气-液相。

四、实验步骤

（一）开车前准备

（1）检查各个阀门开关状态，关闭搅拌槽排水阀 V1 和气体流
量计。

实验五

（2）将去离子水加入搅拌槽，设备接通电源。

（3）检查仪表是否正常工作，启动总电源开关，各数字仪表显示 实验操作教学视频
均应为"0"（温度显示除外）。

（二）开车

1. 测定搅拌器的液相（水）搅拌功率曲线（可分无挡板和有挡板两种情况）

（1）启动搅拌电机，缓慢转动调速旋钮，电机开始转动。

（2）在电压 30~80 V 之间，取 7~10 个点测试（实验中要选择适宜的转速：低转速时
搅拌器的转动要均匀；高转速时以液体不出现旋涡为宜）。

（3）实验中每调节改变 1 个电压，待数据显示基本稳定后方可读数，同时注意观察流
型及搅拌情况。需要记录以下数据：搅拌电机的转速（r/min）、电压（V）和电流（A）。
数据记录表见表 3-15。

（4）实验结束后，缓慢转动调速旋钮至"0"，再关闭搅拌电机。

2. 测定搅拌器的气-液相（空气-水）的搅拌功率曲线（可分无挡板和有挡板 2 种
情况）

（1）再次启动搅拌电机，缓慢转动调速旋钮，电机开始转动。

（2）打开空气压缩机开关，通过转子流量计调节空气流量至指定值（推荐值为
0.5 m³/h）。

（3）在电压 30~80 V 之间，取 7~10 个点测试（实验中要选择适宜的转速：低转速时
搅拌器的转动要均匀；高转速时以液体不出现旋涡为宜）。

（4）实验中每调节改变 1 个电压，待数据显示基本稳定后方可读数，同时注意观察流
型及搅拌情况。需要记录以下数据：搅拌电机的转速（r/min）、电压（V）和电流（A）。
数据记录表见表 3-16。

（三）停车

（1）实验结束后，先关闭空气压缩机开关，再关闭气体流量计。

（2）缓慢转动调速旋钮至"0"，待搅拌电机关闭后，方可关闭总电源。

五、实验注意事项

（1）搅拌电机调速过程要缓慢，否则易损坏电机。

（2）停车前，一定要先把电机调速旋钮调至"0"，待搅拌电机关闭后，方可关闭总
电源。

（3）实验中转速选择要适宜，低转速时搅拌器的转动要均匀，高转速时以液体不出现
旋涡为宜。

六、实验数据记录

将实验测得的数据记录在表 3-15 和表 3-16 中。

表 3-15 搅拌器的液相（水）搅拌功率曲线实验数据表

序　号		转速 $n/\text{r}\cdot\text{min}^{-1}$	搅拌电压 V/V	搅拌电流 I/A	实验水温 $T/℃$	黏度 $\mu/\text{Pa}\cdot\text{s}$	搅拌功率 N/W	搅拌雷诺数 Re	功率特征数 Po
无挡板	1								
	2								
	3								
	4								
	5								
	6								
	7								
	8								
	9								
	10								
	⋮								
有挡板	1								
	2								
	3								
	4								
	5								
	6								
	7								
	8								
	9								
	10								
	⋮								

注：搅拌电机的内阻 $R=30\ \Omega$；$K=0.177$；叶轮直径 $D=0.13$ m；水的黏度可根据其温度查表得到；计算搅拌功率 N、搅拌雷诺数 Re 和功率特征数 Po 时，转速 n 的单位需换算为 r/s。

表 3-16 搅拌器的气-液相（水-空气）搅拌功率曲线实验数据表

序　号		转速 $n/\text{r}\cdot\text{min}^{-1}$	搅拌电压 V/V	搅拌电流 I/A	实验水温 $T/℃$	黏度 $\mu/\text{Pa}\cdot\text{s}$	搅拌功率 N/W	搅拌雷诺数 Re	功率特征数 Po
无挡板	1								
	2								
	3								
	4								
	5								

续表 3-16

序　号		转速 $n/\mathrm{r \cdot min^{-1}}$	搅拌电压 V/V	搅拌电流 I/A	实验水温 $T/\mathrm{℃}$	黏度 $\mu/\mathrm{Pa \cdot s}$	搅拌功率 N/W	搅拌雷诺数 Re	功率特征数 Po
无挡板	6								
	7								
	8								
	9								
	10								
	⋮								
有挡板	1								
	2								
	3								
	4								
	5								
	6								
	7								
	8								
	9								
	10								
	⋮								

注：搅拌电机的内阻 $R=30\ \Omega$；$K=0.177$；叶轮直径 $D=0.13\ \mathrm{m}$；空气流量为：＿＿＿ $\mathrm{m^3/h}$；水的黏度可根据其温度查表得到；计算搅拌功率 N、搅拌雷诺数 Re 和功率特征数 Po 时，转速 n 的单位需换算为 $\mathrm{r/s}$。

七、实验报告

（1）计算各条件下的搅拌功率 N、搅拌雷诺数 Re 和功率特征数 Po，并列出计算示例。

（2）绘制搅拌器的液相（水）搅拌功率曲线和气-液相（水-空气）搅拌功率曲线。

（3）对比绘制的两条搅拌功率曲线，作出解释并分析原因。

八、思考题

（1）除了本实验使用的桨式叶轮外，常见的叶轮还有透平式和船用螺旋桨式叶轮，这两者各有什么特点？

（2）何为打漩现象？如何消除打漩现象？

（3）影响搅拌功率的因素有哪些？

实验六　不同换热器的操作及传热系数的测定

一、实验目的

（1）了解列管、套管、板式换热器的结构，掌握换热器并流和逆流操作方式。

实验六
理论教学视频

（2）掌握换热器两种流体传热系数 K 的测定方法，比较板式、列管换热器两种换热器传热系数 K 的大小。

（3）比较列管换热器并流、逆流时传热系数 K 大小。测定不同的流量对传热系数 K 的影响。

（4）学会换热器性能测定的操作方法，了解研究和解决冷热流体传热实际问题的方法。

二、基本原理

工业上最常见的换热器为间壁式换热器，即冷、热流体被固体壁面所隔开，冷、热流体分别在壁面两侧流动的换热器。本实验中列管换热器、套管换热器、板式换热器均为间壁式换热器。传热系数 K 表示间壁换热器换热过程中单位面积、单位温度差下单位时间的传热量，单位 $W/(m^2 \cdot ℃)$。K 值的大小与两侧流体的物性、流速、流动状况以及管壁及污垢热阻等因素有关。本实验主要验证不同的流速和不同的换热器对 K 的影响。

"传热系数"有的教材也称之为"总传热系数"。

冷、热流体的传热速率方程为：

$$Q = K \cdot A \cdot \Delta t_m \tag{3-39}$$

式中　Q——传热量，W；

K——传热系数，$W/(m^2 \cdot ℃)$；

A——传热面积，m^2；

Δt_m——对数平均温差，℃。

实验时若能得到 Q、A、Δt_m，则可测定 K。

（一）传热量 Q 的确定

换热器中热流体释放的热量与冷流体吸收的热量无热损失的理论情况下相等，有热量衡算式：

$$Q = W_1 \cdot c_{p1} \cdot (T_1 - T_2) = W_2 \cdot c_{p1} \cdot (t_2 - t_1) \tag{3-40}$$

式中　Q——传热量，W；

T_1，T_2——热流体进出口温度，℃；

t_1，t_2——冷流体进出口温度，℃；

W_1，W_2——热、冷流体质量流量，kg/s；

c_{p1}，c_{p2}——热、冷流体定压比热容，$kJ/(kg \cdot ℃)$。

式（3-40）中，$W_1 \cdot c_{p1} \cdot (T_1 - T_2)$ 为热流体释放的热量，标记为 Q_1；$W_2 \cdot c_{p1} \cdot (t_2 - t_1)$ 为冷流体吸收的热量，标记为 Q_2。在实验测量时，由于热损失的存在，热流体释放的热

量 Q_1 与冷流体吸收的热量 Q_2 相比会有一定的差异，计算时应采用 Q_1 与 Q_2 的平均值作为传热量 Q 计算的依据，$Q=(Q_1+Q_2)/2$。

（二）传热面积 A 的确定

传热面积为换热器的基本参数，标注于设备的铭牌之上。该实验设备中列管换热器传热面积 $A=0.4\ \mathrm{m}^2$，板式换热器 $A=0.4\ \mathrm{m}^2$，套管换热器：$A=0.16\ \mathrm{m}^2$。"三、实验装置和工艺流程"中"（三）设备参数"有具体结构、参数的介绍。

（三）传热对数平均温差 Δt_m 的确定

温差是传热的推动力，传热过程中相接触的冷热流体的温度是不断变化的，其温差采用对数平均温差进行计算。图 3-14 为逆流和并流两种情况下冷热流体温度变化情况，根据逆流和并流，分别确定 Δt_1、Δt_2 的计算时所用的数据，代入式（3-41）计算 Δt_m。

$$\text{逆流：} \Delta t_1=T_2-t_1 \qquad \Delta t_2=T_1-t_2$$
$$\text{并流：} \Delta t_1=T_1-t_1 \qquad \Delta t_2=T_2-t_2$$

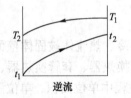 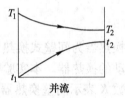

图 3-14　换热器中逆流和并流时冷热流体温度变化情况

$$\Delta t_\mathrm{m} = \frac{\Delta t_1 - \Delta t_2}{\ln \dfrac{\Delta t_1}{\Delta t_2}} \tag{3-41}$$

这样 Q、A、Δt_m 均可确定，代入式（3-39）则可测定 K。

当流速增大或湍动程度增加时，传热效果增强，传热系数 K 将增加。当然增加流速会带来能量损失的增加，因此要经济权衡，确定适当的流速。列管式换热器管程可通过增加程数来提高流速，壳程则可以利用折流板来提高流速和湍动程度。

三、实验装置和工艺流程

（一）实验装置

综合传热平台实验装置如图 3-15 所示，装置由热油釜、齿轮油泵、水罐、离心泵、列管换热器、套管换热器及板式换热器等组成。设备的仪表显示及控制面板如图 3-16 所示。

（二）工艺流程

本实验体系为白油-水。

白油换热时为高温流体。白油在热油釜内电加热升温，经油泵打入换热器，在换热器中与来自水罐的温度较低的水进行换热。被冷却后的白油经涡轮流量计计量，返回到热油釜中补充热量。为使釜内油温均匀，并提高釜内控热效果，釜中装有涡轮式搅拌桨，并设有釜温自控仪表。白油搅拌充分后，循环使用。

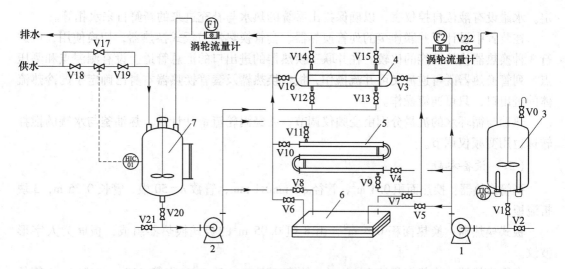

图 3-15　综合传热平台实验流程图

1—油泵；2—水泵；3—热油釜；4—列管换热器；5—套管换热器；6—板式换热器；

7—水罐；V0~V22—阀门；F1，F2—涡轮流量计

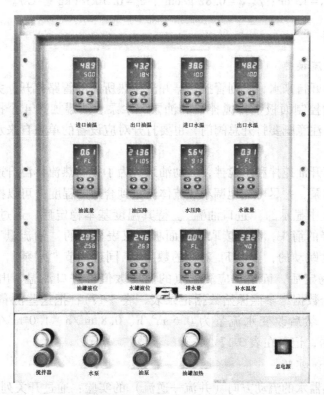

图 3-16　设备仪表显示及控制面板

　　水罐中的水为低温流体。水由离心泵输出经涡轮流量计计量后，打入换热器的另一侧。水与油换热升温后，一部分热水排出体系，其余部分热水返回至水罐与补充进来的新鲜自来水混合，使水温降。水罐中水温由补充新鲜自来水的量或排出系统的热水量所决

定。水罐设有液位自控仪表，以确保排出系统的热水与补充进来的新鲜自来水相等。

在装置中设计了并联连接的列管换热器、套管换热器与板式换热器，切换使用，可进行 3 种换热器换热性能的比较。在并联三换热器的进出口的汇总管道上设有测温点和测压点。列管换热器既可逆流又可并流操作，板式换热器及套管换热器本身已确定了的冷热流体的进出口，只可逆流操作。

热油与循环水的流量分别由变频仪调节，并经涡轮流量计计量。热油釜与水罐的搅拌转速也用变频仪调节。

（三）设备参数

列管换热器：换热面积 0.4 m^2，管径 ϕ8 mm×1 mm，管数 n＝50 根，管长 0.35 m，3 块折流板。

板式换热器：换热面积 0.4 m^2，由 8 组 0.05 m^2 的板式换热器组成，板面为人字形波纹。

套管换热器：换热面积约 0.16 m^2，外管 ϕ33 mm×2 mm，内管 ϕ19 mm×2 mm，管长约 870 mm，共 3 支。

齿轮泵型号：FX-2 型；离心水泵型号：DFLH25-20 型；热油釜有 3 根 1.3 kW 电热棒；白油物性：μ_{40}＝15 cP；$\rho_{50\,℃}$＝0.82 g/cm^3；c_p＝0.5 kJ/(kg·℃)。

四、实验步骤

（一）列管并流换热

接通电源，打开自来水，将列管换热器并流换热所需的管路打开，关闭其他阀门。启动控制面板下排搅拌器和油泵、水泵、油罐加热 4 个按钮，打开自来水。注意既要打开总阀门，也要打开对应设备的单独自来水的阀门。

实验六
实验操作教学视频

调节变频器打开油搅拌和水搅拌，启动油泵，为了提高热流体温升速度，可先不启动水泵，并尽可能地调小热流体流量到合适的程度（可以按照现有值不变）。

观测控制面板中显示的"进口油温"。待其温度基本稳定后，通过调节"油泵"变频器中上升或下降的箭头，同时读取控制面板中仪表显示的"油流量"，使其值固定在 0.6 m^3/h（其值为跳动的，读取 FL 对应的数字），同理调节"水泵"，使"水流量"设定为 0.4 m^3/h，稳定后，读出相应测温点的温度数值（进口油温、出口油温；进口水温、出口水温 4 个数据，参照原始数据记录表，表 3-17）；把这些测量结果记录实验原始数据记录表中；然后改变水流量为 0.6 m^3/h、0.8 m^3/h、1.0 m^3/h，每次稳定 5~10 min 后读取数据，记录在表 3-17。

（二）列管逆流实验

改变列管换热器水的流动方向（并流—逆流）的实验：通过开关列管换热器的阀门，改变水在列管换热器中的流动方向为逆流，改好后向指导老师讲解说明，待老师确认后开始实验，参照实验数据记录表（表 3-17），步骤与上述实验基本相同。

（三）板式换热器逆流实验

关闭列管换热器冷热流体的阀门，打开板式换热器的冷热流体阀门。改好后向指导老师说明，待老师确认后开始实验，步骤与上述实验基本相同。

（四）（＊选做）套管换热器

套管换热器要会操作，步骤类似，可自行练习，不需要记录数据。

（五）结束实验

实验结束后，首先关闭电加热器开关，5 min 后切断全部电源，关闭自来水。

五、实验注意事项

（1）实验开始阶段，要等待油升温至设定值 50 ℃左右时才可以开始换热，以免油温过低数据偏差较大。

（2）变频器只负责调节流量，变频器示值是交流电输出频率，不是流量值，流量值从仪表柜读取。

（3）注意观察每组数据的温度状态，待稳定后读取实验数据。

六、实验数据记录

将实验测得的数据记录在表 3-17 中。

表 3-17　不同换热器的实验数据记录表

列管换热器换热面积＿＿＿＿＿m²，板式换热器换热面积＿＿＿＿＿m²。

换热器类型		热 流 体			冷 流 体		
		进口温度 T_1/℃	出口温度 T_2/℃	流量计读数 /L·h⁻¹	进口温度 t_1/℃	出口温度 t_2/℃	流量计读数 /L·h⁻¹
列管换热器	并流			0.6			0.4
				0.6			0.6
				0.6			0.8
				0.6			1.0
	逆流			0.6			0.4
				0.6			0.6
				0.6			0.8
				0.6			1.0
板式换热器逆流				0.6			0.4
				0.6			0.6
				0.6			0.8
				0.6			1.0

七、实验报告要求

（1）将原始数据输入电脑，打印表格，分析 2 种换热器的换热曲线及列管换热器并流和逆流的换热曲线。要有 1 组数据的详细计算过程。

（2）计算分析实验结果，分析 2 种换热器的换热能力和并流逆流对换热效果的影响；

分析每种换热器随流量增大的影响。

八、思考题

（1）实验中哪些因素影响实验的稳定性？

（2）哪些因素影响传热系数 K 的大小？

（3）在该综合传热实验中，可以主动调节哪些参数？

（4）换热器强化传热的措施有哪些？

实验七　给热系数的测定

一、实验目的

实验七
理论教学视频

（1）测定正常条件下，空气与铜管内壁间的给热系数 α。

（2）测定强化条件下，空气与铜管内壁间的给热系数 α。

（3）回归 2 个条件下，关联式 $Nu = C \cdot Re^m \cdot Pr^n$ 中的参数 C、m（n 取 0.4）。

二、实验原理

套管换热器作为结构简单的间壁式换热器，热、冷流体分别从换热管管壁的两侧流过，热流体从一侧将热量传给管壁，通过管壁后，再从管壁的另一侧将热量传递给冷流体。图 3-17 中，热流体走管外，其温度沿壁面由 T_1 逐渐下降到 T_2；冷流体走管内，其温度由 t_1 逐渐上升到 t_2。热冷流体沿壁面平行流动，方向彼此相同，称为并流；若热冷流体流动方向相反，则为逆流。

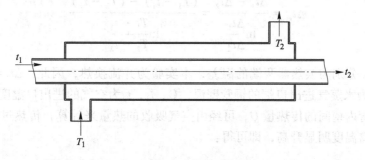

图 3-17　套管换热器示意图（并流）

间壁式换热器的传热过程是由壁两侧面与流体的给热和壁内部的热传导组合而成。在稳定情况下，两侧给热及间壁导热的 3 个热量相等。组合传热过程中的传热系数 K，其倒数 $1/K$ 称为总热阻，它由 3 个分热阻，即间壁两侧的给热热阻 $1/\alpha_1$、$1/\alpha_2$ 和间壁本身的导热热阻 b/λ，加合而成（可能还有污垢热阻）。即：

$$\frac{1}{K} = \frac{1}{\alpha_1} + \frac{1}{\alpha_2} + \frac{b}{\lambda} \tag{3-42}$$

式中　K——传热系数，$\mathrm{W \cdot m^{-2} \cdot K^{-1}}$；

α_1——热流体和间壁一侧的给热系数，$\mathrm{W \cdot m^{-2} \cdot K^{-1}}$；

α_2——冷流体和间壁另一侧的给热系数，$\mathrm{W \cdot m^{-2} \cdot K^{-1}}$；

b/λ——间壁本身的导热热阻，$\mathrm{m^2 \cdot K \cdot W^{-1}}$。

"给热系数" α 有的教材也称之为"对流传热系数"。

本实验采用套管式换热器，换热管材质为黄铜，内径 20 mm，壁厚 2.5 mm，有效长度 1.25 m。实验过程中，水蒸气作为热流体走管外，空气作为冷流体走管内，二者并流换热。该换热过程中，空气与铜管内壁之间的热阻 $1/\alpha_2$ 远远大于水蒸气与铜管外壁之间的热

阻 $1/\alpha_1$ 及铜管间壁本身的热阻 $b/\lambda\left(\dfrac{1}{\alpha_2}\gg\dfrac{1}{\alpha_1}\gg\dfrac{b}{\lambda}\right)$，进而式（3-42）可简化为：

$$\frac{1}{K}\approx\frac{1}{\alpha_2} \tag{3-43}$$

可见，本实验装置的传热系数 K 可近似认为是空气与铜管内壁间的给热系数 α，其可以通过实验测定法和量纲分析法获得。

（一）实验测定法

根据牛顿冷却定律：

$$Q=\alpha\cdot A\cdot\Delta t_{\mathrm m} \tag{3-44}$$

式中　Q——空气与铜管内壁间的传热量，W；

　　　α——空气与铜管内壁间的给热系数，$\mathrm{W\cdot m^{-2}\cdot ℃^{-1}}$；

　　　A　空气与铜管内壁间的传热面积，$\mathrm{m^2}$；

　　　（$A=\pi dl$，d 为铜管内径，0.02 m；l 为铜管长度，1.25 m）

　　　$\Delta t_{\mathrm m}$——空气与铜管内壁间的对数平均温差，℃。

$$\Delta t_{\mathrm m}=\frac{\Delta t_1-\Delta t_2}{\ln\dfrac{\Delta t_1}{\Delta t_2}}=\frac{(T_1-t_1)-(T_2-t_2)}{\ln\dfrac{T_1-t_1}{T_2-t_2}}$$

式中，Δt_1、Δt_2 分别为换热器两端的温差，本实验为并流换热，因此：$\Delta t_1=T_1-t_1$，$\Delta t_2=T_2-t_2$，T_1，T_2 为水蒸气进出口端的铜管壁温，℃，t_1，t_2 为空气的进出口温度，℃。

空气与铜管内壁间的传热量 Q，可经由空气吸收的热量来计算，传热过程中，空气的出口温度较进口温度明显升高，即可得：

$$Q=m_{\mathrm s}\cdot c_p(t_2-t_1)/3600=\rho V\cdot c_p(t_2-t_1)/3600 \tag{3-45}$$

式中　$m_{\mathrm s}$——空气的质量流量，$\mathrm{kg\cdot h^{-1}}$；

　　　ρ——定性温度下空气的密度，$\mathrm{kg\cdot m^{-3}}$（空气定性温度为：$t=(t_1+t_2)/2$）；

　　　V——空气的体积流量，$\mathrm{m^3\cdot h^{-1}}$；

　　　（本实验中，空气的体积流量由孔板流量计测定，其与孔板压降 Δp 的关系：$V=26.2\times\Delta p^{0.54}$，$\mathrm{m^3\cdot h^{-1}}$，$\Delta p$ 单位为 kPa）

　　　c_p——空气的定压比热容，$\mathrm{J\cdot kg^{-1}\cdot ℃^{-1}}$；

　　　t_1，t_2——空气的进出口温度，℃。

式（3-34）、式（3-45）两式联立，加之实验测得部分数据，即可计算空气与铜管内壁间的给热系数 α。

（二）量纲分析法

流体因用泵、风机输送或受搅拌等外力作用产生流动时，称为强制对流。强制对流下，给热系数 α 主要取决于 3 个特征数，即努塞尔数 Nu，雷诺数 Re，普朗特数 Pr。

$$Nu=\frac{\alpha d}{\lambda}\qquad Re=\frac{du\rho}{\mu}\qquad Pr=\frac{c_p\mu}{\lambda}$$

式中 α——空气与铜管内壁间的给热系数，$\mathrm{W \cdot m^{-2} \cdot ℃^{-1}}$；

$\qquad$ d——套管换热器的内管平均直径，m；

$\qquad$ λ——定性温度下空气的热导率，$\mathrm{W \cdot m^{-1} \cdot ℃^{-1}}$；

$\qquad$ u——空气的流速，$\mathrm{m/s}$，$\left(u = \dfrac{V}{3600 \times \pi \left(\dfrac{d}{2}\right)^2} = \dfrac{4V}{3600 \times \pi d^2}, V \text{为空气的体积流量}, \mathrm{m^3 \cdot h^{-1}} \right)$；

$\qquad$ ρ——定性温度下空气的密度，$\mathrm{kg \cdot m^{-3}}$；

$\qquad$ μ——定性温度下空气的黏度，$\mathrm{Pa \cdot s}$。

当流体在圆形直管内做强制湍流时，给热系数的特征数关联式可以简化为幂函数表示：

$$Nu = C \cdot Re^m \cdot Pr^n \qquad (3\text{-}46)$$

当流体被加热时，$n = 0.4$，可得

$$Nu = C \cdot Re^m \cdot Pr^{0.4} \qquad (3\text{-}46\mathrm{a})$$

工程上，当空气被加热，且强制湍流通过圆形直管，C 和 m 可取经验参数（$C = 0.023$，$m = 0.8$），即可得：

$$Nu = 0.023 \cdot Re^{0.8} \cdot Pr^{0.4} \qquad (3\text{-}46\mathrm{b})$$

也即：

$$\frac{\alpha d}{\lambda} = 0.023 \left(\frac{du\rho}{\mu}\right)^{0.8} \left(\frac{c_p\mu}{\lambda}\right)^{0.4} \qquad (3\text{-}47)$$

因此：

$$\alpha = 0.023 \frac{\lambda}{d} \left(\frac{du\rho}{\mu}\right)^{0.8} \left(\frac{c_p\mu}{\lambda}\right)^{0.4} \qquad (3\text{-}47\mathrm{a})$$

此外，量纲分析法中的参数 C，m 是经过大量实验后测得到的平均数据，对式（3-46a）进行变形可得：

$$\lg \frac{Nu}{Pr^{0.4}} = \lg C + m \lg Re \qquad (3\text{-}48)$$

以 $\lg Nu / Pr^{0.4}$ 为纵坐标，$\lg Re$ 为横坐标作图，根据斜率和截距，即可计算得到 C 和 m。将通过式（3-48）作图计算得到的 C 和 m 与经验数据（$C = 0.023$，$m = 0.8$）相比较，还可验证本次实验数据的准确性。

三、实验装置与工艺流程

（一）实验装置

本实验装置主要由套管换热器、蒸汽系统以及空气系统等构成，如图 3-18 所示，其中套管换热器的内管为铜管，外管为玻璃管。

（二）工艺流程

本实验装置中，空气作为冷流体，由风机引入，依次经过流量调节阀和孔板流量计，作为冷流体进入套管换热器的管程（铜管内部），与水蒸气并流换热后直接去大气。其中，空气流量大小通过风机变频调速仪调节。

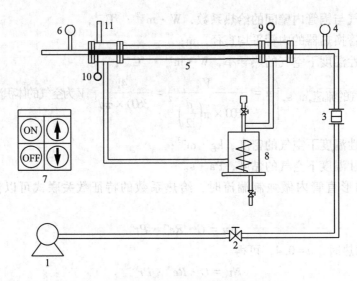

图 3-18　给热实验装置图

1—风机；2—流量调节阀；3—孔板流量计；4—空气入口温度传感器；5—套管换热器；
6—空气出口温度传感器；7—风机变频调速仪；8—蒸汽发生器；9—壁温 1 传感器；
10—壁温 2 传感器；11—不凝性气体排放口

　　水蒸气作为热流体，由蒸汽发生器产生，作为热流体进入套管换热器的壳程（铜管与玻璃管之间），与空气并流换热后，大部分水蒸气冷凝返回至蒸汽发生器，少部分未冷凝的水蒸气则经不凝性气体排放口直接排放至大气。

四、实验步骤

（一）开车前准备

（1）打开液位计角阀检查蒸汽发生器中的水位，保证液位计高度在 4/5 左右，若液位不够，请往蒸汽发生器中加入适量的水。

（2）调整空气出口温度传感器的顶点位置，使其位于管道中心。

实验七
实验操作教学视频

（二）开车

　　开启总电源和加热器使蒸汽发生器工作，约 20 min 后，壁温 1、壁温 2 达到水的沸点温度，此时管壁沾满冷凝水滴。

　　1. 正常条件下，空气与铜管内壁间的给热系数的测定

（1）全开流量调节阀门，启动风机并开启风机变频调速仪，调节至 50 Hz，在最大流量下预热 5 min 后，记录下空气进口温度、出口温度、壁温 1、壁温 2 和孔板压降。

（2）调节风机变频仪改变空气流量，每次间隔 4 Hz，稳定 5 min 后，再次记录数据（测定至少 6 组数据并记录，记录表参见表 3-18）。实验结束后，关闭风机变频仪和风机。

　　2. 强化条件下，空气与铜管内壁间的给热系数的测定

（1）取出空气的出口温度传感器，将静态混合器放入套管换热器的铜管中，并固定好位置，再将出口温度传感器放回并调节其位于管道中心。

（2）重复正常条件下，空气与铜管内壁间的给热系数的测定步骤。同样测定至少 6 组数据并记录。

（三）停车

（1）依次关闭蒸汽发生器的加热开关、风机变频仪、风机开关和总电源。

（2）取出空气的出口温度传感器，将静态混合器从套管换热器的铜管内取出放好，再将出口温度传感器放回并调节其位于管道中心。

五、实验注意事项

（1）实验开始前，要检查蒸汽发生器中的水位，需在液位计高度 4/5 左右，避免实验过程中因缺水而导致的故障或危险。检查蒸汽发生器的液位时，液位计角阀务必处于打开状态，打开状态下，液位计才能保持连通状态保证蒸汽发生器的液位真实。

（2）实验过程中，本实验装置的流量调节阀处于全开状态，空气的流量是通过风机变频仪来调节。

（3）强化条件下，空气与铜管内壁间的给热系数的测定，需加入静态混合器来改变空气流动状态，加入静态混合器前，需拔高空气出口温度传感器；加入后，需再将出口温度传感器放回并调节其位于管道中心。

六、实验数据记录

将实验测得的数据记录在表 3-18 中，并将处理后的结果填写在表 3-19 中。

表 3-18　给热系数测定实验数据记录表

工　况	序号	空气进口温度 $t_1/℃$	空气出口温度 $t_2/℃$	水蒸气进口端铜管壁温 $T_1/℃$	水蒸气出口端铜管壁温 $T_2/℃$	孔板压降 $\Delta p/kPa$
正常条件	1					
	2					
	3					
	4					
	5					
	6					
	⋮					
强化条件	1					
	2					
	3					
	4					
	5					
	6					
	⋮					

表 3-19　给热系数测定实验数据结果表

工况	序号	空气的流量 $V/m^3 \cdot h^{-1}$	空气的流速 $u/m \cdot s^{-1}$	空气与铜管内壁的对数平均温差 $\Delta t_m/℃$	空气的定性温度 $t/℃$	空气的密度 ρ $/kg \cdot m^{-3}$	空气的热导率 λ $/W \cdot m^{-1}$ $\cdot ℃^{-1}$	空气的黏度 $\mu/Pa \cdot s$	空气与铜管内壁间的传热量 Q/W	空气与铜管内壁间的给热系数 α $/W \cdot m^{-2}$ $\cdot ℃^{-1}$	努塞尔数 Nu	雷诺数 Re	普朗特数 Pr
正常条件	1												
	2												
	3												
	4												
	5												
	6												
	⋮												
强化条件	1												
	2												
	3												
	4												
	5												
	6												
	⋮												

七、实验报告

（1）计算各工况条件下，空气与铜管内壁间的给热系数 α，并列出计算示例。

（2）绘制正常条件和强化条件下的 $\lg Nu/Pr^{0.4}$-$\lg Re$ 图，并根据图计算关联式。

（3）$Nu = C \cdot Re^m \cdot Pr^{0.4}$ 中的参数 C、m，与经验数据（$C = 0.023$，$m = 0.8$）相比较。

（4）对比正常传热和强化传热的结果，得出结论并分析原因。

八、思考题

（1）实验中，冷热流体的流向对传热效果有何影响？

（2）蒸汽冷凝过程中，若存在不冷凝气体，对传热有何影响，应采取什么措施？

（3）实验过程中，冷凝水不及时排走，会产生什么影响，如何及时排走冷凝水？

（4）实验中，所测得的壁温是靠近蒸汽侧还是冷流体侧温度？为什么？

（5）如果采用不同压强的蒸汽进行实验，对 α 关联式有何影响？

九、实验参考资料

在 0~100 ℃之间，空气物性与温度的关系有如下拟合公式。

由于空气被加热，其温度是变化的，其计算时的代入温度，即空气的定性温度用空气

的平均温度表示，即

$$t = (t_1 + t_2)/2$$

式中 t_1，t_2——空气的进、出口温度，℃。

（1）空气的密度与温度的关系式：

$$\rho = 10^{-5}t^2 - 4.5 \times 10^{-3}t + 1.2916$$

（2）空气的比热容与温度的关系式：

60 ℃以下 $c_p = 1005$ J/(kg·℃)

70 ℃以上 $c_p = 1009$ J/(kg·℃)

（3）空气的热导率与温度的关系式

$$\lambda = -2 \times 10^{-8}t^2 + 8 \times 10^{-5}t + 0.0244$$

（4）空气的黏度与温度的关系式

$$\mu = (-2 \times 10^{-6}t^2 + 5 \times 10^{-3}t + 1.7169) \times 10^{-5}$$

实验八　单管升膜蒸发实验

一、实验目的

实验八
理论教学视频

（1）了解单管升膜蒸发器的结构、特点和操作。
（2）了解并观察单管升膜蒸发器中出现的 4 种两相流流型。
（3）学会单管升膜蒸发器对流传热系数和干度的测定。

二、实验原理

在化工、轻工、医药、食品等行业中，常常需要将溶有不挥发溶质的稀溶液加以浓缩，以得到浓溶液（或固体产品），如硝酸、烧碱、抗生素、食糖等生产；有少数情况为制取溶剂，如海水淡化。工业上通常是将这些稀溶液加热至沸腾，使其中一部分溶剂汽化，从而获得浓缩，这一过程称为蒸发。进行蒸发的必备条件是热能的不断供给和生成蒸汽的不断排除。

工业上供给热能的热源通常为水蒸气，而蒸发的物料大多是水溶液，其蒸发出的蒸汽也是水蒸气。为便于区别，前者称为加热蒸汽（或生蒸汽），后者称为二次蒸汽。根据二次蒸汽利用的情况，可分为单效蒸发和多效蒸发。若二次蒸汽不再利用，直接送至冷凝器得以除去的流程，称为单效蒸发。若将二次蒸汽送到另一压力较低的蒸发器作为加热蒸汽，则可以提高原来加热蒸汽的利用率。这种将几个蒸发器串联，使加热蒸汽在蒸发过程中得到多次利用的蒸发流程称为多效蒸发。

进行蒸发过程的设备称为蒸发器。目前常用的间壁式蒸发器，按溶液在蒸发器中存留的情况，可分为循环型和单程型两大类。其中单程型蒸发器的主要特点：溶液在蒸发器中只通过加热室一次，不做循环流动即成为浓缩液排出。根据物料在蒸发器中流向的不同，单程型蒸发器常分为升膜蒸发器和降膜式蒸发器。本实验以升膜蒸发器为例，介绍蒸发器的设备特点和操作方式。

（一）升膜蒸发器

升膜蒸发器是单程型蒸发器的一种，其加热室由许多垂直长管组成，如图 3-19 所示。待蒸发溶液由蒸发器底部引入，进入加热管内受热沸腾后迅速汽化，生成的蒸汽在加热管内高速上升；溶液则被上升的蒸汽所带动，沿管壁成膜状上升，并在此过程中继续蒸发；汽、液混合物上升至气液分离器进行气液分离，二次蒸汽由分离器顶部导出，浓缩液则由分离器底部排出。这种蒸发器即为升膜蒸发器。

为了能在加热管内有效地成膜，上升的蒸汽应具有一定速度。例如，常压操作时适宜的出口气速一般为 $20\sim50$ m·s^{-1}，减压操作时气速则应更高。如果从溶液中蒸发的水量不多，就难以达到上述要求的气速，因此，升膜蒸发器不适用于较浓溶液的蒸发，对黏度很大、易结晶或易结垢的物料也不适用。

（二）气液两相流流型

在垂直管内，由于溶液不断被加热汽化，形成气液两相流。不同条件下，对流体进行加热，会引起气液两相数量分布的变化，形成不同的流型，分别是泡状流、弹状流、搅拌流及环状流，对应的流型图如图 3-20 所示。

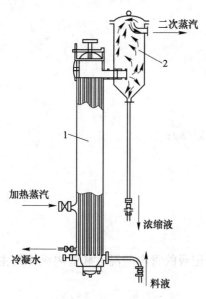

图 3-19　升膜蒸发器
1—蒸发器；2—气液分离器

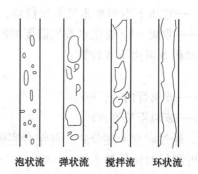

图 3-20　垂直管内两相流流型示意图

泡状流是指在液相中有近似均匀分散的小气泡的流动状态。

弹状流是指大多数气体是以炮弹头形状存在并流动，在弹形泡与管壁之间以及 2 个弹形泡之间的液层中充满了小气泡。

搅拌流是弹状流的发展，炮弹头形状的气泡被破坏成狭条状，这种流型较混乱。

环状流的特征则是含有液滴的连续气相沿管中心运动，液相则以波浪液膜形式沿壁面向上爬行，环状液膜上升时必须克服其重力以及与壁面的摩擦力。

影响汽液两相流型的主要因素有流体物性（黏度、表面张力、密度等）、流道的几何形状、尺寸、放置方式（水平、垂直或倾斜）及汽液相的流速等。对于垂直汽液两相向上流动的升膜蒸发器，当流道直径及实验物料固定后，此时各种流型的转变主要取决于汽液相的流速。

本实验以水蒸气为加热热源，以室温下的水为待蒸发料液，二者在单管升膜蒸发器中逆流换热，通过改变真空度来影响汽液相的流速，进而观察产生的不同流型，并计算出相应流型的传热系数和干度，针对结果分析寻找变化规律。

（三）传热系数和干度的计算

目前，单相流对流传热系数的测定精度仍然未能很好解决，而两相流对流传热系数的测定则较单相更加困难，主要原因是沸腾或冷凝对流传热系数很高。习惯认为，壁温与流体温度的差值可反映对流传热系数的变化。人们将壁温超过流体温度的程度称为过热度 $\Delta t_m = t_w - t_b$（t_w 为管内壁温，t_b 为管内流体的主体温度）。

1. 对流传热系数 α 的测定

$$\alpha = \frac{Q}{S\Delta t_m} = \frac{Q}{S(t_w - t_b)} \tag{3-49}$$

式中　α——对流传热系数，$W \cdot m^{-2} \cdot \mathrm{℃}^{-1}$；

　　　Q——传热量，kJ/s；

　　　S——内壁传热面积，m^2。

传热量 Q 可由蒸汽的比焓计算：

$$Q = \frac{m \times \Delta H}{t} \tag{3-50}$$

式中　m——液化的水蒸气质量，kg；

　　　ΔH——常压下饱和水蒸气的质量焓，419.10 kJ/kg；

　　　t——收集 $m$kg 液化水蒸气需要的时间，s。

传热面积 S 可由下式计算：

$$S = \pi d l \tag{3-51}$$

式中　d——玻璃管内径，m；

　　　l——玻璃管长度，m。

综上，通过联立上述公式，并结合实验过程中记录的管内壁温 t_w 和管内流体的主体温度 t_b，即可测得对流传热系数 α。

2. 干度 X

$$X = \frac{W_g}{W_g + W_1} \tag{3-52}$$

$$W_g = \rho \times V_g = \rho \times \pi \left(\frac{D_1}{2}\right)^2 \times h_1 \tag{3-53}$$

$$W_1 = \rho \times V_1 = \rho \times \pi \times \left(\frac{D_2}{2}\right)^2 \times h_2 \tag{3-54}$$

式中　W_g——在一定时间内，蒸汽接收瓶收集液体的质量，g；

　　　W_1——在一定时间内，液体接收瓶收集液体的质量，g；

　　　ρ——液体的密度，kg/m^3；

　　　D_1——蒸汽接收瓶的直径，m；

　　　D_2——液体接收瓶的直径，m；

　　　h_1——在一定时间内，蒸汽接收瓶内液面上升高度，m；

　　　h_2——在一定时间内，液体接收瓶内液面上升高度，m。

三、实验装置和工艺流程

（一）实验装置

本实验主体为单管升膜蒸发装置，如图 3-21 所示，包括单管升膜蒸发器、蒸汽系统、待蒸发溶液系统和真空系统 4 部分组成。利用管外的水蒸气来加热管内流动的待蒸发溶液-水，通过玻璃观测段观察水在管内的几种典型流动状态（泡状流、弹型流、搅拌流和环状流），并通过壁面温度等参数的测量，可计算得到不同流型下相应的对流传热系数 α 及干度 X。

单管升膜蒸发实验装置控制面板图如图 3-22 所示。

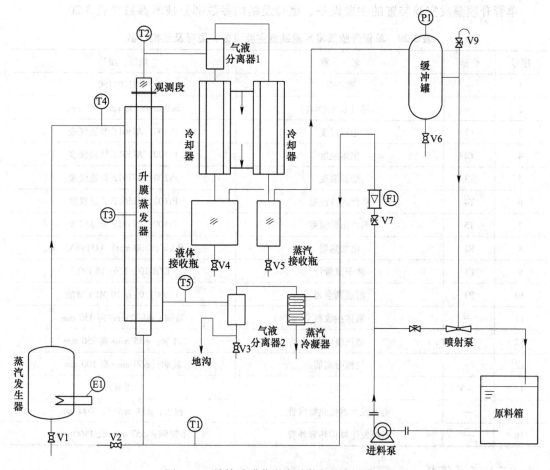

图 3-21 单管升膜蒸发实验装置流程示意图

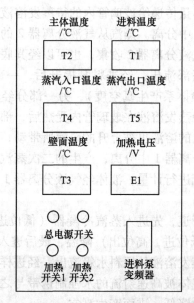

图 3-22 单管升膜蒸发实验装置控制面板图

单管升膜蒸发实验装置的主要设备、型号及结构参数部分技术参数见表 3-20。

表 3-20　单管升膜蒸发实验装置主要设备、型号及结构参数

序号	位号	名　　称	规格、型号
1	—	离心泵	WB120/150
2	—	水箱（长×宽×高）	500 mm×250 mm×700 mm
3	T1	进料温度	Pt100，AI501F 数显仪表
4	T2	主体温度	Pt100，AI501F 数显仪表
5	T3	壁面温度	Pt100，AI701F 数显仪表
6	T4	蒸汽入口温度	Pt100，AI501F 数显仪表
7	T5	蒸汽出口温度	Pt100，AI501F 数显仪表
8	E1	电加热器	9 kW；300 mm；AI519FX3
9	F1	转子流量计	LZB-10；1.6～16 L/h
10	P1	耐震真空表	Y-100；0～0.10 MPa 带油
11	—	液体接收瓶	玻璃；ϕ140 mm×高 350 mm
12	—	蒸汽接收瓶	玻璃；ϕ55 mm×高 350 mm
13	—	气液分离器	玻璃；ϕ60 mm×高 100 mm
14	V1～V9	阀门	球阀
15	—	蒸汽发生器传热管内管	玻璃；ϕ14 mm×长 1400 mm
16	—	蒸汽发生器传热管外管	不锈钢；ϕ57 mm×长 1400 mm

（二）工艺流程

加热蒸汽是由蒸汽发生器内电加热器加热蒸馏水产生；水蒸气产生后进入蒸发器，自上向下经过玻璃管外壁，将热量传递给玻璃管内的待蒸发溶液。加热蒸汽因热量损失而部分冷凝，进而在汽液分离器 2 中分离。蒸汽从气液分离器 2 的顶部去蒸汽冷凝器，冷凝后排放至地沟；液体既可以被气液分离器 2 收集，也可以经其底部，直接排放至地沟。

待蒸发溶液从原料水箱底部流出，经进料泵提升后，一部分经喷射阀返回至原料水箱（利用该路料液，可为实验体系产生真空度），另一部分经转子流量计计量后，由底部进入蒸发器内部的玻璃管。待蒸发溶液在玻璃管内受热后，部分迅速汽化，生成的蒸汽在玻璃管内高速上升，未被气化的溶液也被上升的蒸汽所带动，沿管壁成膜状上升，形成汽液两相流。汽液两相在汽液分离器 1 中分离，产生的二次蒸汽从气液分离器 1 的顶部去冷凝器，冷凝后滴入蒸汽接收瓶进行计量；液体经气液分离器 1 的底部去冷凝器，冷却后进入液体接收瓶进行计量。

冷却水为自来水，通过管道，先进入蒸汽冷凝器（低位进，高位出）提供冷量降温，再进入并联的 2 个冷却器（低位进，高位出）降温，最后进入地沟。

真空度产生的原因——待蒸发溶液从原料水箱流出，经进样泵，一部分通过喷射泵高速射流返回水箱。缓冲罐中的气体被高速射流的水强制携带与之混合，形成气液混合流，进入喷射泵，从而使缓冲罐压力降低，进而产生真空。

四、实验步骤

（一）开车前准备

（1）检查蒸汽发生器和原料水箱的液位，保证液位高度在 4/5 左右（若液位不够，实验前请加入适量的水）。

（2）检查缓冲罐放水阀 V6、旁路调节阀 V8 和真空调节阀 V9 处于全开状态，其他阀门处于关闭状态。

实验八
实验操作教学视频

（二）开车

（1）打开冷却水，开启总电源，打开进料泵开关，调节转子流量计使单管升膜蒸发器内的玻璃管填充满水后，再关闭进料泵开关和流量计。

（2）开启蒸汽发生器加热开关，调节加热电压为 100 V，待蒸汽出口温度达到 100 ℃后，再次打开进料泵开关，调节转子流量计流量为 8 L/h，注意观察玻璃管内的流型。稳定 20 min 后，记录常压下相应的流型、壁温和主体温度。关闭气液分离器 2 底部的出口阀，开始计时，记录收集 200 mL 加热蒸汽冷凝液体所需的时间，以及该时间内蒸汽接收瓶和液体接收瓶液面上升的高度。记录在表 3-21 中。

（3）调节真空度至 0.01 MPa，注意观察玻璃管内的流型，稳定 10 min 后，记录相应的流型、壁温和主体温度。关闭气液分离器 2 底部的出口阀，开始计时，记录收集 200 mL 加热蒸汽冷凝液体所需的时间，以及该时间内蒸汽接收瓶和液体接收瓶液面上升的高度。

📋 真空度调节过程：首先关闭液体接收瓶、蒸汽接收瓶和真空缓冲罐下面的阀门（阀门 V4、V5 和 V6）；然后顺时针旋转关闭真空调节阀 V9，此时能发现真空缓冲罐上的真空表的示数明显增大，说明真空度在不断地增加；再逆时针缓慢旋转真空调节阀 V9，通过控制进气量的大小，即可调节至所需的真空度。

（4）调节真空度至 0.03 MPa，注意观察玻璃管内的流型，稳定 5 min 后，记录相应的流型、壁温和主体温度。关闭气液分离器 2 底部的出口阀，开始计时，记录收集 200 mL 加热蒸汽冷凝液体所需的时间，以及该时间内蒸汽接收瓶和液体接收瓶液面上升的高度。

（三）停车

（1）实验结束，将设备连通大气，保持常压（先逆时针旋转全开真空调节阀，再打开真空缓冲罐下面的阀门，即可实现）。

（2）关闭蒸汽发生器加热开关、进料泵开关和转子流量计。

（3）最后关闭总电源和冷却水。

五、实验注意事项

（1）蒸汽发生器是通过电加热器产生蒸汽，操作时要注意安全，避免高温烫伤。

（2）实验开始前，请务必检查蒸汽发生器和原料水箱的液位。

（3）实验开始后，待单管升膜蒸发器内的玻璃管填充满水后，才能开启蒸汽发生器加热开关，以免热玻璃管遇冷炸裂。

（4）实验过程要密切观察流型变化及壁温变化，严防干壁现象。

（5）调节真空度时，一定要缓慢操作，实验过程中注意保持真空度的稳定。

六、实验数据记录

将表 3-21 记录的实验数据输入计算机表格中，计算机将计算出表 3-22 中一系列参数的结果。

表 3-21　实验数据记录表

序号	真空度 /MPa	流型	壁温 /℃	主体温度 /℃	收集 200 mL 加热蒸汽冷凝液体所需时间 /s	相应时间内蒸汽接收瓶液面上升的高度 h_1/cm	相应时间内液体接收瓶液面上升的高度 h_2/cm
1							
2							
3							

表 3-22　实验结果处理表

序号	真空度 /MPa	相应时间内蒸汽冷凝量/mL	相应时间内液体冷凝量 /mL	换热量 Q/kJ·s^{-1}	传热系数 α/W·m^{-2}·℃$^{-1}$	干度 X
1						
2						
3						

注：换热面积 $S=\pi\times d\times l=\pi\times0.014\times1.4=0.0615\ m^2$，蒸汽接收瓶直径 $D_1=0.055\ m$，液体接收瓶直径 $D_2=0.14\ m$。

七、实验报告

（1）计算各工况条件下的对流传热系数和干度，并列出计算示例。
（2）绘制传热系数 α 与流型的关系图。
（3）绘制干度 X 与流型的关系图。
（4）针对绘制图形，对实验现象和结果进行讨论和解释。

八、思考题

（1）本实验的真空度产生的原因及调节方式？
（2）哪种流型最适合蒸发，为什么？
（3）蒸发操作中，什么是生蒸汽，什么是二次蒸汽？
（4）什么样的蒸发操作被称为单效蒸发？

实验九　填料塔二氧化碳吸收与解吸

一、实验目的

（1）了解填料吸收塔装置的结构、流程，掌握填料塔的操作方法。

（2）熟悉填料塔流体力学性能基本理论，熟悉填料塔液泛、载点、泛点的意义。

（3）熟悉填料塔吸收和解吸传质性能理论。

（4）掌握填料吸收塔液相体积传质总系数和传质效率的测定方法。

实验九
理论教学视频

二、实验原理

（一）（＊选做）气体通过填料层的压强降

填料塔的压强降是塔设计与操作中的重要参数。压强降与气、液流量均有关，不同液体喷淋量下填料层的压强降 Δp 与气速 u 的关系如图 3-23 所示。

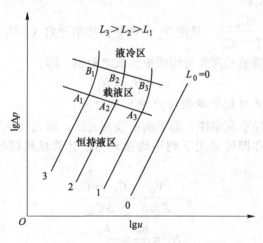

图 3-23　填料层的 $\Delta p\text{-}u$ 关系

A_1，A_2，A_3—载点；B_1，B_2，B_3—泛点

当液体喷淋量 $L_0 = 0$ 时，干填料的 $\lg\Delta p\text{-}\lg u$ 的关系是递增关系的斜直线，如图 3-23 中的直线 0。当有一定的喷淋量时，相同的气速下，Δp 增大。$\lg\Delta p\text{-}\lg u$ 的关系变成折线，并存在两个转折点，下转折点称为"载点"，上转折点称为"泛点"。折线以"载点"和"泛点"为界按照斜率由小到大分为 3 个区段：即恒持液区（恒持液量区）、载液区及液泛区。填料塔正常操作时应控制在载液区。

（二）二氧化碳吸收实验

1. 填料层高度的计算

本实验采用水吸收空气中的二氧化碳，且已知二氧化碳在常温常压下溶解度较小，属于低浓度气体的吸收，因此液相体积流率 V_{sL}，m^3/s，可视为定值，吸收过程可视为等温过程，且总传质系数 K_L 和两相接触比表面积 a，在整个填料层内可视为定值，可得填料层高度的计算公式：

$$h_0 = \frac{V_{sL}}{K_L aS} \cdot \int_{c_{A2}}^{c_{A1}} \frac{dC_A}{C_A^* - C_A} \tag{3-55}$$

式中 h_0——填料层高度，m；

$\quad S$——塔截面积，m^2；

$\quad C_A$——液侧 A 组分的平均浓度，$kmol/m^3$；

$\quad C_A^*$——气相中 A 组分的实际分压所要求的液相平衡浓度，$kmol/m^3$；

$\quad K_L$——以浓度差为推动力的总传质系数，或简称为液相传质总系数，$kmol/(m^2 \cdot s \cdot kmol/m^3)$ 或 m/s；

$\quad a$——单位体积填料层中的有效传质面积，m^2/m^3。

$K_L a$ 的乘积在整个填料层内也为一定值，称为以 ΔC 为推动力的填料塔液相体积总传质系数，$kmol/(m^3 \cdot s \cdot kmol/m^3)$ 或 s^{-1}。

令：

$$H_L = \frac{V_{sL}}{K_L aS}，且称 H_L 为液相传质单元高度（HTU），m$$

$$N_L = \int_{c_{A2}}^{c_{A1}} \frac{dC_A}{C_A^* - C_A}，且称 N_L 为液相传质单元数（NTU），无量纲$$

因此，填料层高度为传质单元高度与传质单元数之乘积，即

$$h_0 = H_L \times N_L \tag{3-56}$$

2. 传质单元数 N_L（对数平均推动力法）的计算

若气液平衡关系遵循亨利定律，即平衡曲线为直线，则式（3-55）为可用解析法解得填料层高度的计算式，亦即可采用下列平均推动力法计算填料层的高度或液相传质单元高度：

$$h_0 = \frac{V_{sL}}{K_L aS} \cdot \frac{C_{A1} - C_{A2}}{\Delta C_{Am}} \tag{3-57}$$

$$N_L = \frac{h_0}{H_L} = \frac{h_0}{\dfrac{V_{sL}}{K_L aS}} \tag{3-58}$$

式中 ΔC_{Am}——液相平均推动力，即

$$\Delta C_{Am} = \frac{\Delta C_{A1} - \Delta C_{A2}}{\ln \dfrac{\Delta C_{A1}}{\Delta C_{A2}}} = \frac{(C_{A1}^* - C_{A1}) - (C_{A2}^* - C_{A2})}{\ln \dfrac{C_{A1}^* - C_{A1}}{C_{A2}^* - C_{A2}}} \tag{3-59}$$

其中，实验中取样滴定测量可测定 C_{A1} 和 C_{A2}：

$$C_{A1}^* = Hp_{A1} = Hy_1 p_0，C_{A2}^* = Hp_{A2} = Hy_2 p_0$$

式中 p_0——大气压。

二氧化碳的溶解度常数：

$$H = \frac{\rho_w}{M_w} \cdot \frac{1}{E} \quad kmol/(m^3 \cdot kPa) \tag{3-60}$$

式中 ρ_w——水的密度，kg/m^3；

M_w——水的摩尔质量，kg/kmol；

E——二氧化碳在水中的亨利系数，Pa，根据温度查询表 3-26 可得。

3. 液相体积传质总系数的计算

因本实验采用的物系不仅遵循亨利定律，而且气膜阻力可以不计，在此情况下，整个传质过程阻力都集中于液膜，即属液膜控制过程，则液侧体积传质膜系数等于液相体积传质总系数，亦即

$$k_1 a = K_L a = \frac{V_{sL}}{hS} \cdot \frac{C_{A1} - C_{A2}}{\Delta C_{Am}} \tag{3-61}$$

实验中取样滴定测量可测定 C_{A1} 和 C_{A2}，根据设备参数，可知塔内径（用于计算塔截面积 S）和填料层高度，结合式（3-61）可计算出 $K_L a$。

4. 吸收率的计算

$$\text{CO}_2 \text{ 在填料塔中的吸收率 } \eta = (Y_2 - Y_1)/Y_2 = 1 - Y_1/Y_2 \tag{3-62}$$

式中 Y_1，Y_2——CO_2 进塔、出塔浓度（物质的量比）；Y_1 通过空气和二氧化碳体积流量计算，Y_2 通过下面的物料衡算式（3-63）计算。

$$L \times (C_{A1} - C_{A2}) = V_{Air} \times (Y_1 - Y_2) \tag{3-63}$$

式中 L——通过吸收塔的吸收剂的流量，m^3/h；

V_{Air}——通过吸收塔的空气流量，m^3/h。

三、实验装置和工艺流程

（一）实验装置

本实验装置的主体设备是填料塔，配套设备有气体钢瓶、水箱、离心泵、风机和一些测量与控制仪表，如图 3-24 所示。

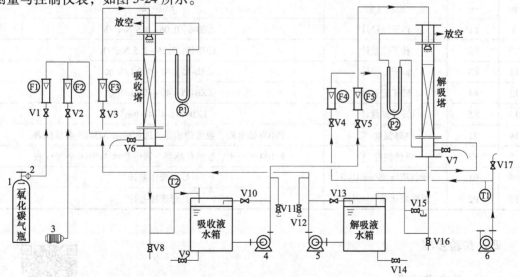

图 3-24 填料吸收实验装置流程图

1—CO₂ 钢瓶；2—CO₂ 减压阀；3—电磁式空气泵；4—吸收液水泵；5—解吸液水泵；6—解吸风机；

V1~V5—转子流量计调节阀；V6、V7、V11、V12、V15—取样阀；V8、V9、V14、V16—排水阀；V10、V13—循环阀；

V17—空气旁路阀；F1~F5—转子流量计；T1、T2—温度计；P1—吸收塔压差；P2—解吸塔压差

（二）工艺流程

1. 吸收工艺流程

解吸液水箱里的水经水泵 5 加压，经液相转子流量计后送入吸收塔。空气通过电磁式空气泵 3 进入，与由二氧化碳钢瓶来的二氧化碳按一定比例混合后进入吸收塔底，与水在塔内填料进行逆流接触，用水吸收空气中的 CO_2，由塔顶出来的尾气放空，塔底出来的吸收液进入吸收液水箱（作为解吸的原料液）。

2. 解吸工艺流程

吸收液水箱里的水富含 CO_2，经水泵加压后送入解吸塔塔顶喷淋在填料层。由旋涡风机送来的空气进入解吸塔塔底，与水在塔内填料进行逆流接触，空气解吸出水里的 CO_2，由塔顶出来的气体放空，塔底出来的解吸后的液体进解吸液水箱（供吸收重复使用）。

（三）实验装置主要技术参数

实验装置主要设备、型号及结构参数见表 3-23。

表 3-23　实验装置主要设备、型号及结构参数

序号	位号	名　称	规格、型号
1	—	填料吸收塔	玻璃管内径 $D=0.05$ m、填料层高度 $h_0(Z)=1.20$ m、陶瓷拉西环填料
2	—	填料解吸塔	玻璃管内径 $D=0.05$ m、填料层高度 $h_0(Z)=1.20$ m、陶瓷拉西环填料
3	—	水箱 1（长×宽×高）	500 mm×370 mm×580 mm
4	—	水箱 2（长×宽×高）	500 mm×370 mm×580 mm
5	—	离心泵 1	WB50/025
6	—	离心泵 2	WB50/025
7	—	气泵	ACO-818
8	—	旋涡气泵	XGB-12
9	F1	转子流量计	LZB-6：$0.06\sim0.6$ Nm³/h
10	F2	转子流量计	LZB-10：$0.25\sim2.5$ Nm³/h
11	F3	转子流量计	LZB-15：$40\sim400$ L/h 水
12	F4	转子流量计	LZB-15：$40\sim400$ L/h 水
13	F5	转子流量计	LZB-40：$4\sim40$ Nm³/h
14	T1	气体温度/℃	Pt100 铂电阻、温度传感器、远传显示 AI501B 数显仪表
15	T2	液体温度/℃	Pt100 铂电阻、温度传感器、远传显示 AI501B 数显仪表
16	P1	吸收塔压差/mmH₂O	U 形管压差计
17	P2	解吸塔压差/mmH₂O	U 形管压差计

四、实验步骤

（一）开车前准备

（1）向两个水箱中加入蒸馏水或去离子水至水箱 2/3 处，如果某一个水箱的水位过低需通过离心泵从另一个水箱补水或补充新的去离子水。之后接通实验装置电源并按下总电源开关。

实验九
实验操作教学视频

（2）准备好 10 mL、20 mL 移液管、100 mL 的三角瓶、50 mL 酸式滴定管、洗耳球、0.1 mol/L 左右的盐酸标准溶液、0.1 mol/L 左右的 Ba(OH)$_2$ 标准溶液和酚酞指示液等化学分析仪器和试剂备用。本实验采用酸碱中和滴定方法进行浓度测量。

（3）检查二氧化碳气瓶与设备上二氧化碳流量计连接是否密闭。

（二）（＊选做）测量吸收塔干填料层 $\left(\dfrac{\Delta p}{Z}\right)$-u 关系曲线

打开空气旁路阀门 V17 至全开，启动解吸风机 6。打开空气流量计 F4 下的阀门 V4，逐渐关小空气旁路阀门 V17 的开度，调节进塔的空气流量。稳定后读取填料层压降 ΔP 即 U 形管液柱压差计的数值，然后改变空气流量，空气流量从小到大共测定 5~8 组数据。对实验数据进行分析处理，在对数坐标纸上以空塔气速 u 为横坐标，单位高度的压降 $\dfrac{\Delta p}{Z}$ 为纵坐标，标绘干填料层 $\left(\dfrac{\Delta p}{Z}\right)$-u 关系曲线。

（三）（＊选做）测量吸收塔在喷淋量下填料层 $\left(\dfrac{\Delta p}{Z}\right)$-u 关系曲线

将水流量固定在 80 L/h 左右（水流量大小可因设备调整），采用上面相同步骤调节空气流量，稳定后分别读取并记录填料层压降 Δp、转子流量计读数和流量计处所显示的空气温度，操作中随时注意观察塔内现象，一旦出现液泛，立即记下对应空气转子流量计读数。根据实验数据在对数坐标纸上标出液体喷淋量为 80 L/h 时的 $\left(\dfrac{\Delta p}{Z}\right)$-u 关系曲线（见图3-23），并在图上确定液泛气速，与观察到的液泛气速相比较是否吻合。

（四）二氧化碳吸收传质系数测定

※二氧化碳钢瓶的使用方法：使用时先逆时针打开钢瓶总开关，观察高压表读数，记录高压瓶内总的二氧化碳压力，然后顺时针转动低压表压力调节螺杆，使其压缩主弹簧将活门打开。这样进口的高压气体由高压室经节流减压后进入低压室，并经出口通往工作系统。使用后，先顺时针关闭钢瓶总开关，再逆时针旋松减压阀。

※实验前，检查 2 个水槽中水位是否大概相等，检查各流量计调节阀，以及二氧化碳的减压阀是否均已关严。

（1）吸收塔液相及气相开启。关闭为吸收塔供水的解吸液水泵 5 的出口阀，启动解吸液水泵 5，打开转子流量计 F3，调节至 56 L/h。水从吸收塔顶喷淋而下经吸收塔底的 π 形管尾部流出后，关闭空气转子流量计 F2，启动电磁式空气泵 3，调节转子流量计 F2 至 0.5 m³/h。

（2）开启 CO$_2$ 钢瓶。检查减压阀是否关闭（应为逆时针拧松状态），打开二氧化碳钢瓶总阀，再调节减压阀，减压至 0.1 MPa，调节二氧化碳转子流量计 F1，按二氧化碳与空气的比例在 10%~20% 计算出二氧化碳的空气流量，本装置采用 0.14 m³/h。二氧化碳和空气混合后的混合气体从塔底进入吸收塔。

（3）解吸塔气相开启。打开空气旁路阀门 V17，关闭空气转子流量计 F4，启动解吸风机 6，调节空气旁路阀门 V17，使空气转子流量计 F4 流量为 0.5 m³/h。

（4）开启解吸塔液相。关闭为解吸塔供水的吸收液水泵 4 的出口阀，启动解吸水泵 4，打开转子流量计 F5，调节到 56 L/h，吸收液从解吸塔塔顶进入塔内，喷淋而下。

（5）进行 15 min 并且操作达到稳定状态之后，测量塔底吸收液的温度，同时在吸收塔底 V6 和吸收塔顶 V12 取样口，解吸塔底 V7 和解吸塔顶 V11 取样口取样，采用酸碱滴定法测定吸收塔顶、塔底溶液中二氧化碳的含量。记录滴定所消耗的盐酸的体积（mL）于表 3-24 中。

（6）调节转子流量计 F2，分别改变空气流量为 1.0 m³/h、1.5 m³/h，重复第（1）~（5）步的操作，再做 2 次。流量、温度、样品体积等参数记录于表 3-25 中。其中二氧化碳在水中的亨利系数 E 查表 3-26 获取。

（7）实验完毕，先关闭 CO₂ 钢瓶，再依次停水、停风机，使实验装置复原。

📋 附：溶液中二氧化碳含量测定方法

用移液管吸取 0.1 M（即 0.1 mol/L）左右的 $Ba(OH)_2$ 标准溶液 10 mL，放入三角瓶中，并从取样口处接收塔底溶液 10 mL，用胶塞塞好振荡。溶液中加入 2~3 滴酚酞指示剂摇匀，用 0.1 M（即 0.1 mol/L）的盐酸标准溶液滴定到粉红色消失即为终点。

按下式计算得出溶液中二氧化碳浓度：

$$C_{CO_2} = \frac{2C_{Ba(OH)_2}V_{Ba(OH)_2} - C_{HCl}V_{HCl}}{2V_{溶液}} \, mol \cdot L^{-1} \tag{3-64}$$

五、实验注意事项

（1）开启 CO₂ 总阀门前，要先关闭减压阀（拧松），阀门开度不宜过大。

（2）分析 CO₂ 浓度操作时动作要迅速，以免 CO₂ 从液体中逸出导致结果不准确。

（3）注意 2 个水箱的水位，水位过低需通过离心泵从另一个水箱补水。

六、实验数据记录

将实验测得的数据记录在表 3-24 和表 3-25 中。

表 3-24 实验原始数据记录表

气体温度_____℃，液体温度_____℃。

项目	空气流量 0.5 m³/h		空气流量 1.0 m³/h		空气流量 1.5 m³/h	
	吸收塔	解吸塔	吸收塔	解吸塔	吸收塔	解吸塔
塔顶消耗 HCl 的量/mL						
塔釜消耗 HCl 的量/mL						

表 3-25 二氧化碳吸收解吸测定数据表

被吸收的气体：混合气体中 CO₂；吸收剂：水；塔内径：50 mm		
序号	名　称	实验数据
1	填料层高度/m	1.20
2	CO₂ 转子流量计读数/m³·h⁻¹	
3	CO₂ 转子流量计处温度/℃	
4	流量计处 CO₂ 的体积流量/m³·h⁻¹	
5	空气转子流量计读数/m³·h⁻¹	
6	水转子流量计读数/L·h⁻¹	

续表 3-25

	被吸收的气体:混合气体中 CO_2;　　吸收剂:水;　　塔内径:50 mm	
序号	名　称	实验数据
7	中和 CO_2 用 $Ba(OH)_2$ 的浓度 $M/mol \cdot L^{-1}$	
8	中和 CO_2 用 $Ba(OH)_2$ 的体积/mL	
9	滴定用盐酸的浓度 $M/mol \cdot L^{-1}$	
10	滴定塔底吸收液用盐酸的体积/mL	
11	滴定空白液用盐酸的体积/mL	
12	样品的体积/mL	
13	塔底液相的温度/℃	
14	亨利常数 E/Pa	
15	塔底液相浓度 $C_{A1}/kmol \cdot m^{-3}$	
16	空白液相浓度 $C_{A2}/kmol \cdot m^{-3}$	
17	CO_2 溶解度常数 $H/kmol \cdot m^{-3} \cdot Pa$	
18	Y_1	
19	y_1	
20	平衡浓度 $C_{A1}^*/kmol \cdot m^{-3}$	
21	Y_2	
22	y_2	
23	平衡浓度 $C_{A2}^*/kmol \cdot m^{-3}$	
24	$C_{A1}^* - C_{A1}$	
25	$C_{A2}^* - C_{A2}$	
26	平均推动力 $\Delta C_{Am}/kmol \cdot m^{-3}$	
27	液相体积传质系数 $K_L a/m \cdot s^{-1}$	
28	吸收率/%	

七、实验报告要求

(1) 将数据输入电脑,得到结果,举例计算一组总体积传质系数。

(2) 分析气体流量的改变对总体积传质系数的影响,并得出结论。

八、思考题

(1) 为什么二氧化碳解吸过程属于液膜控制?

(2) 当气体温度和液体温度不同时,应用什么温度计算亨利系数?

(3) 测定 $K_L a$ 有什么工程意义?

九、附表

表 3-26　二氧化碳在水中的亨利系数 E　　　　　　　　(kPa)

气体	温度/℃											
	0	5	10	15	20	25	30	35	40	45	50	60
CO_2	0.738×10^{-5}	0.888×10^{-5}	1.05×10^{-5}	1.24×10^{-5}	1.44×10^{-5}	1.66×10^{-5}	1.88×10^{-5}	2.12×10^{-5}	2.36×10^{-5}	2.60×10^{-5}	2.87×10^{-5}	3.46×10^{-5}

实验十 筛板精馏塔理论塔板数及塔效率的测定

一、实验目的

（1）了解筛板精馏塔的结构，掌握精馏过程的基本操作方法。

（2）学习精馏塔性能参数的测量方法，掌握阿贝折光仪测定溶液浓度的方法。

实验十
理论教学视频

（3）掌握全回流条件下，精馏塔稳定后的全塔理论塔板数和全塔效率的测定。

（4）掌握部分回流条件下，精馏塔稳定后的全塔理论塔板数和全塔效率的测定。

二、实验原理

精馏是利用液体混合物中各组分相对挥发度的差异，以热能为媒介使其部分气化，从而在气相富集易挥发组分、液相富集难挥发组分，使混合物中各组分得以分离的一种方法。根据操作方式，精馏可分为连续精馏和间歇精馏；根据操作压力，可分为常压精馏、加压精馏和减压精馏；根据混合物的组分数，可分为二元精馏和多元精馏。常压下的二元精馏作为最简单的精馏方式，是本实验的研究对象。

（一）全塔效率 E_T

全塔效率 E_T 又称总板效率，是指达到指定分离效果所需理论板数与实际板数的比值。

$$E_T = \frac{N_T - 1}{N_P} \tag{3-65}$$

N_T 为理论塔板数，对于二元物系，如已知其汽液平衡数据，则根据精馏塔的原料液组成，进料热状况，操作回流比及塔顶馏出液组成，塔底釜液组成可以求出该塔的理论板数 N_T（塔釜再沸器内进行部分汽化，相当于一层理论板，因此不包括再沸器的全塔所需理论塔板数为 N_T-1）。

N_P 则为实际塔板数，对于给定的精馏塔，其实际塔板数是一定的，本装置 $N_P=9$。

（二）图解法求理论塔板数 N_T

图解法的原理与逐板计算法完全相同，只是将逐板计算过程在 $y-x$ 图上直观地表示出来。

精馏段的操作线方程为：

$$y_{n+1} = \frac{R}{R+1}x_n + \frac{x_D}{R+1} \tag{3-66}$$

式中　y_{n+1}——精馏段第 $n+1$ 块塔板上升蒸汽中易挥发组分的组成（摩尔分数）；

　　　x_n——精馏段第 n 块塔板下降的液体中易挥发组分的组成（摩尔分数）；

　　　x_D——塔顶产品组成，摩尔分数；

　　　R——回流比，（$R=L/D$，L 为精馏段内液体回流量，kmol/h 或 mol/s；D 为塔顶馏出液量，kmol/h 或 mol/s）。

提馏段的操作线方程为：

$$y_{m+1} = \frac{L'}{L' - W} x_m - \frac{W x_W}{L' - W} \tag{3-67}$$

式中　y_{m+1}——提馏段第 $m+1$ 块塔板上升的蒸汽组成，摩尔分数；

　　　x_m——提馏段第 m 块塔板下流的液体组成，摩尔分数；

　　　x_W——塔底釜液的液体组成，摩尔分数；

　　　L'——提馏段内下流的液体量，kmol/s；

　　　W——釜液流量，kmol/s。

加料线（q 线）方程可表示为：

$$y = \frac{q}{q - 1} x - \frac{x_F}{q - 1} \tag{3-68}$$

$$q = 1 + \frac{c_{pF}(t_{Bp} - t_F)}{r_F} \tag{3-69}$$

式中　q——进料热状况参数；

　　　x_F——进料液的液体组成，摩尔分数；

　　　c_{pF}——进料液在平均温度 $\frac{t_F + t_{Bp}}{2}$ 下的比热容，kJ/(kg·K)；

　　　r_F——进料液在其组成和泡点温度下的汽化潜热，kJ/kg；

　　　t_F——进料液温度，℃；

　　　t_{Bp}——进料液的泡点温度，℃。

对于本实验体系来说

$$t_{Bp} = 9.1389 x_F^2 - 27.861 x_F + 97.359 \tag{3-70}$$

$$c_{pF} = c_{p1} M_1 x_1 + c_{p2} M_2 x_2 \tag{3-71}$$

$$r_F = r_1 M_1 x_1 + r_2 M_2 x_2 \tag{3-72}$$

式中　c_{p1}，c_{p2}——纯组分 1 和组分 2 在平均温度下的比热容，kJ/(kg·K)；

　　　r_1，r_2——纯组分 1 和组分 2 在泡点温度下的汽化潜热，kJ/kg；

　　　M_1，M_2——纯组分 1 和组分 2 的摩尔质量，g/mol；

　　　x_1，x_2——纯组分 1 和组分 2 在进料中的摩尔分率。

1. 全回流操作求理论塔板数 N_T

在直角坐标系中绘出待分离混合液的 x-y 平衡曲线，并作出对角线。精馏塔全回流操作时，操作线即为对角线。根据塔顶、塔釜的组成，在操作线和平衡线间做梯级，即从（x_D，x_D）点开始，在操作线和平衡线之间作水平线与垂直线，构成直角梯级，直角梯级的垂直线达到或跨过（x_W，x_W）点为止。所绘的梯级数，就是理论板数，如图 3-25 所示。

2. 部分回流操作求理论塔板数 N_T

部分回流操作时，如图 3-26 所示，图解法的主要步骤为：

（1）根据物系和操作压力在 y-x 图上作出相平衡曲线，并画出对角线作为辅助线。

（2）在 x 轴上定出 $x = x_D$、x_F、x_W 3 点，依次通过这 3 点作垂线，分别交对角线于点 a、f、b。

（3）在 y 轴上定出 $y_C = x_D/(R + 1)$ 的点 c，连接 a、c 作出精馏段操作线。

（4）由进料热状况求出 q 线斜率 $q/(q - 1)$，过点 f 作出 q 线交精馏段操作线于点 d。

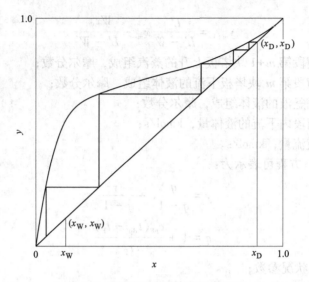

图 3-25 全回流时理论板数的确定

（5）连接点 d、b 作出提馏段操作线。

（6）从点 a 开始在平衡线和精馏段操作线之间画阶梯，当梯级跨过点 d 时，就改在平衡线和提馏段操作线之间画阶梯，直至梯级跨过点 b 为止。

（7）所画的总阶梯数就是全塔所需的理论塔板数（包含再沸器），跨过点 d 的那块板就是加料板，其上的阶梯数为精馏段的理论塔板数。

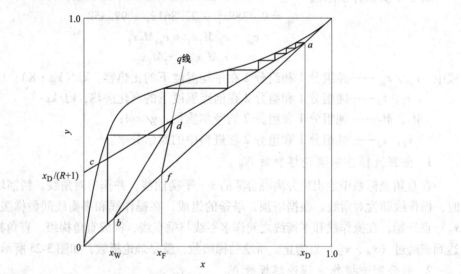

图 3-26 部分回流时理论板数的确定

三、实验装置和工艺流程

（一）实验装置

本实验装置的主体设备是筛板精馏塔，配套设备有加料系统、回流系统、产品出料管路、残液出料管路、进料泵和一些测量与控制仪表，如图 3-27 所示。

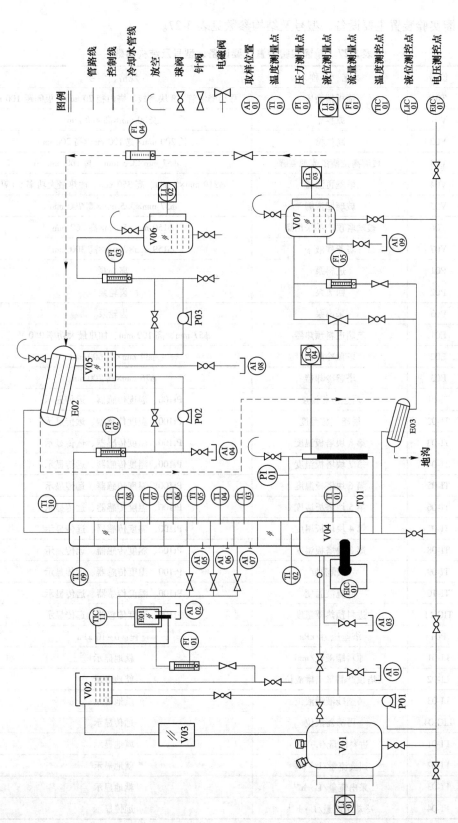

图 3-27　精馏实验装置图

本精馏实验装置主要设备、型号及结构参数见表3-27。

表 3-27　精馏实验装置主要设备、型号及结构参数

序号	位号	名　称	规格、型号
1	T01	筛板精馏塔	弓形降液管、9块塔板、塔内径70 mm、板间距100 mm
2	V01	原料罐	ϕ300 mm×高400 mm
3	V02	高位槽	长200 mm×宽100 mm×高200 mm
4	V03	玻璃高位槽溢流观测罐	ϕ57 mm×3.5 mm、高100 mm
5	V04	塔釜再沸器	ϕ219 mm×2 mm、高350 mm、加热最大功率5 kW
6	V05	玻璃回流罐	ϕ57 mm×3.5 mm×高200 mm
7	V06	玻璃塔顶产品采出罐	ϕ150 mm×5 mm×高260 mm
8	V07	塔釜残液罐	ϕ159 mm×2 mm×高300 mm
9	P01	进料泵	离心泵
10	P02	回流泵	齿轮泵
11	P03	采出泵	齿轮泵
12	E01	玻璃进料预热器	ϕ57 mm、高100 mm、加热最大功率250 W
13	E02	塔顶冷凝器	ϕ89 mm×高600 mm
14	E03	塔釜冷却器	ϕ76 mm×高200 mm
15	TI-01	塔釜液相温度	Pt100、温度传感器、远传显示
16	TI-02	塔釜气相温度	Pt100、温度传感器、远传显示
17	TI-03	第8块塔板温度	Pt100、温度传感器、远传显示
18	TI-04	第7块塔板温度	Pt100、温度传感器、远传显示
19	TI-05	第6块塔板温度	Pt100、温度传感器、远传显示
20	TI-06	第5块塔板温度	Pt100、温度传感器、远传显示
21	TI-07	第4块塔板温度	Pt100、温度传感器、远传显示
22	TI-08	第3块塔板温度	Pt100、温度传感器、远传显示
23	TI-09	塔顶温度	Pt100、温度传感器、远传显示
24	TI-10	回流液温度	Pt100、温度传感器、远传显示
25	TIC-11	进料预热器温度	Pt100、温度传感器、远传显示
26	P01	塔釜压力/kPa	量程：0~10 kPa
27	LI-01	原料罐液位/mm	就地显示
28	LI-02	塔顶产品采出罐液位	就地显示
29	LI-03	塔釜残液罐液位	就地显示
30	LIC-04	再沸器液位	远传显示
31	FI-01	进料流量/L·h^{-1}	就地显示
32	FI-02	回流流量/L·h^{-1}	就地显示
33	FI-03	采出流量/L·h^{-1}	就地显示
34	FI-04	冷却水流量/L·h^{-1}	远传显示

序号	位号	名　称	规格、型号
35	FI-05	塔釜采出流量/L·h^{-1}	就地显示
36	EIC01	塔釜加热电压	量程：0~220 V、远传显示
37	AI01~09	取样口	各取样位置

本精馏实验装置的控制面板简图如图 3-28 所示。

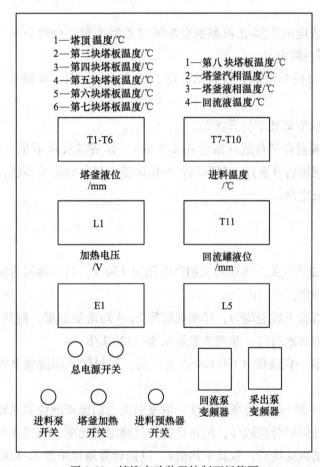

图 3-28 精馏实验装置控制面板简图

（二）工艺流程

本装置使用的原料是乙醇-正丙醇的混合物料，乙醇的浓度通过阿贝折光仪测得的折光率后经计算获得。

原料液在储料罐中贮存，通过进料泵可直接或间接向精馏塔进料。直接进料时，原料依次经储料罐、进料泵，直接向塔内供料；间接进料时，原料依次经储料罐、进料泵、高位槽、进料流量计、预热器和选定的进料阀门向塔内供料。

塔釜内的料液由电加热器加热产生蒸汽，蒸汽逐板上升，经与各板上的下降液体传热和传质后，进入塔顶冷凝器，冷凝后至回流罐；通过控制回流与采出的转子流量计的比例调节回流比，回流罐中的冷凝液一部分作为回流液从塔顶流入塔内，另一部分作为塔顶产品进入产品罐；釜液可由塔釜采出进入塔釜残液罐。

四、实验步骤

（一）开车前准备

（1）将阿贝折光仪配套的超级恒温水浴调整运行到所需温度（25 ℃或40 ℃）。

实验十
实验操作教学视频

（2）配制一定浓度的乙醇-正丙醇混合溶液（乙醇质量百分数20%左右），然后加到原料罐中。

（3）开启控制面板总电源，检查水、电、仪表、阀、泵、储罐是否处于正常状态。

（4）确认塔顶放空阀处于打开状态。

（5）检查塔釜液量是否合适（液位在2/3处）。如塔釜液量不足，全开塔釜放空阀，启动进料泵进料，缓慢打开直接进料阀门，向精馏釜内加料到指定高度，而后关闭相应进料阀门、进料泵和放空阀。

（二）开车

1. 全回流操作

（1）开启塔釜加热开关，逐步增大加热电压至130 V，对再沸器内液体进行加热，并保持塔釜加热功率稳定。

（2）注意观察塔板上鼓泡均匀，仔细观察第3、4块塔板温度，待其温度开始上升时，打开塔顶冷凝器的冷却水阀门，并调节流量至80~120 L/h。

（3）待回流罐有一定液位（100 mm以上）后，通过调节回流流量大小保持回流罐液位稳定。

（4）全回流20~30 min，待塔顶温度、塔釜温度、回流罐液位和回流量基本稳定，在塔顶和塔釜取样口处同时分别取样，用阿贝折光仪测定折光率（为保证数据准确，需要重复取样3次，测定结果应接近，取其平均值）。进而计算塔顶浓度 x_D 和塔釜浓度 x_W。

（5）全回流实验结束后，经老师检查实验数据合格后，开始部分回流实验。

2. 部分回流操作

（1）首先确定进料位置，检查并打开进料管线上的所有阀门，启动进料泵，待高位槽出现溢流现象后，调节进料流量计，以一定的流量（2.0~4.0 L/h）向塔内进料。

（2）将进料预热温度设置为40 ℃，打开进料预热器开关。

（3）待回流罐有一定液位（100 mm以上）后，按一定比例调节回流流量计与采出流量计的大小，控制好回流比。（回流比是回流量与采出量之比，一般设置在2~4之间）。全开塔顶产品储罐放空阀门，收集塔顶产品馏出液于塔顶产品储罐中。

（4）打开塔釜残液流量计，调节流量使精馏塔塔釜液面稳定。

（5）实验过程中，观察塔板上传质状况，记下加热电压、塔顶温度等有关数据，整个操作中维持进料、回流、采出流量计读数不变，再沸器和回流罐的液位稳定。

（6）部分回流操作稳定后（30 min 左右），在塔顶、进料和塔釜取样口处分别取样，用阿贝折光仪测定折光率（为保证数据准确，需要重复取样 3 次，测得结果应接近），记录在表 3-28 中，取其平均值进而计算 x_D、x_F 和 x_W。同时按照记录表的要求记录回流比、进料量、进料温度。

（三）停车

（1）依次关闭进料预热器、进料泵、进样流量计及相应管线上阀门。

（2）关闭再沸器的塔釜加热开关。

（3）关闭采出流量计和采出泵。

（4）待精馏塔内没有上升蒸汽时，关闭回流流量计和回流泵。

（5）关总电源、冷却水流量计和冷却水开关。

（6）关闭阿贝折光仪等相关仪器。

五、实验注意事项

（1）由于实验所用物系属易燃物品，所以实验中要特别注意安全，操作过程中避免洒落以免发生危险。

（2）打开塔釜加热开关前，一定要检查塔釜中的物料是否达到塔釜液面的 2/3 ~ 3/4 之间，避免损坏加热器。

（3）本实验设备加热功率由仪表自动调节，注意控制加热升温要缓慢，以免发生暴沸使釜液从塔顶冲出。若出现此现象应立即断电，重新操作。

（4）取样时必须在操作稳定时进行，并做到同时取样。

（5）检测浓度时使用阿贝折光仪。读取折光率时，一定要同时记录测量温度，并按给定的折光率-质量百分浓度-测量温度关系（见表 3-31）计算相关数据。

六、实验数据记录

将实验测得的数据记录在表 3-28 中，并将处理后的实验结果记录在表 3-29 中。

表 3-28　精馏实验测定数据记录表

序　　号	折　光　率				
	全回流 $R=\infty$		部分回流 回流比 $R=$____；进料量：____ L/h；进料温度：____ ℃		
	塔顶样品	塔釜样品	塔顶样品	塔釜样品	进样样品
1					
2					
3					
平均折光率 n					

表3-29　精馏实验结果记录表

全回流 $R = \infty$				部分回流 回流比 $R=$____；进料量：____L/h；进料温度：____℃					
塔顶样品		塔釜样品		塔顶样品		塔釜样品		进样样品	
质量分率 W	摩尔分率 x_D	质量分率 W	摩尔分率 x_W	质量分率 W	摩尔分率 x_D	质量分率 W	摩尔分率 x_W	质量分率 W	摩尔分率 x_F

七、实验报告

（1）计算全回流和部分回流条件下的摩尔分率，并列出计算示例。

（2）用作图法确定全回流和部分回流条件下的理论塔板数。

（3）计算全回流和部分回流条件下的全塔效率。

（4）对实验结果进行分析和讨论。

八、思考题

（1）什么是全回流？全回流操作有哪些特点，在生产中有什么实际意义？

（2）塔釜加热对精馏操作的参数有什么影响？

（3）如何判断塔的操作已达到稳定？

（4）当回流比 $R < R_{min}$ 时，精馏塔是否还能进行操作？如何确定精馏塔的操作回流比？

（5）冷液进料对精馏塔操作有什么影响？进料位置如何确定？

（6）本实验采用的是常压操作还是加压或减压操作？精馏塔的常压操作如何实现？如果要改为加压或减压操作，如何实现？

九、实验参考资料

1. 乙醇-正丙醇的气-液平衡数据

乙醇-正丙醇的气-液平衡数据见表3-30，根据数据作图，可得常压下乙醇-正丙醇的 t-x-y 图用于求解理论板数。

表3-30　常压下乙醇-正丙醇的平衡数据（以乙醇摩尔分率表示，x-液相，y-气相）

t	97.60	93.85	92.66	91.60	88.32	86.25	84.98	84.13	83.06	80.59	78.38
x	0	0.126	0.1858	0.210	0.358	0.416	0.546	0.600	0.663	0.884	1.0
y	0	0.240	0.318	0.330	0.550	0.650	0.711	0.760	0.814	0.914	1.0

2. 乙醇-正丙醇折光率与溶液浓度的关系

不同温度下乙醇折光率和溶液浓度的关系见表3-31。

表3-31　不同温度下乙醇折光率和溶液浓度的关系

乙醇质量分数 W	折光率 n		乙醇质量分数 W	折光率 n	
	25 ℃	40 ℃		25 ℃	40 ℃
0.0000	1.3861	1.3803	0.5212	1.3734	1.3685
0.0373	1.3852	1.3798	0.5877	1.3719	1.3671
0.0955	1.3839	1.3788	0.6530	1.3701	1.3653
0.1520	1.3829	1.3771	0.7210	1.3687	1.3640
0.2131	1.3800	1.3758	0.7678	1.3672	1.3631
0.2770	1.3780	1.3740	0.8339	1.3653	1.3608
0.3393	1.3769	1.3729	0.9109	1.3639	1.3598
0.3881	1.3759	1.3718	0.9591	1.3629	1.3581
0.4584	1.3745	1.3697	1.0000	1.3608	1.3571

乙醇-正丙醇折光率与质量分率间的关系可按下列回归式计算：

25 ℃：　　　　　　　　$W = 56.60579 - 40.84584n$ 　　　　　　　　(3-73)

40 ℃：　　　　　　　　$W = 59.28144 - 42.76903n$ 　　　　　　　　(3-73a)

式中　W——乙醇的质量分率；

　　　n——折光率。

通过质量分率 W 求出摩尔分率 x，其中乙醇相对分子质量 $M_{乙醇} = 46$ g/mol，正丙醇相对分子质量 $M_{正丙醇} = 60$ g/mol，公式如下：

$$x_{乙醇} = \frac{W/M_{乙醇}}{W/M_{乙醇} + (1-W)/M_{正丙醇}}$$ 　　　　(3-74)

3. 乙醇和正丙醇的定压比热容及汽化潜热共线图

比热容共线图（图3-29）用法举例：求乙醇在 $t = 50$ ℃时的比热容，在共线图的温度标尺上定出 50 ℃的点，与图中乙醇的圆圈中心点连一直线，延长到比热容的标尺上，读出交点读数为 0.675，然后乘以 4.187 kJ·kg^{-1}·K^{-1}，可得乙醇在 $t = 50$ ℃时的比热容为 2.82 kJ·kg^{-1}·K^{-1}。

汽化潜热共线图（图3-30）用法举例：求水在 $t = 100$ ℃时的汽化潜热，首先查得水的临界温度 $t_c = 374$ ℃，故得 $t_c - t = 374 - 100 = 274$ ℃，在共线图的（$t_c - t$）标尺上定出 274 ℃的点，与图中水的圆圈中心点连一直线，延长到汽化潜热的标尺上，读出交点读数为 540 kcal·kgf^{-1}或 2260 kJ·kg^{-1}。（附：乙醇的 $t_c = 243$ ℃，正丙醇的 $t_c = 264$ ℃）

4. 阿贝折光仪的构造及使用方法

阿贝折光仪是能测定透明、半透明液体或固体的折光率和平均色散的仪器（其中以测液体为主）。折光率和平均色散是物质的重要光学常数之一，能借以了解物质的光学性能、纯度、浓度及色散大小等。

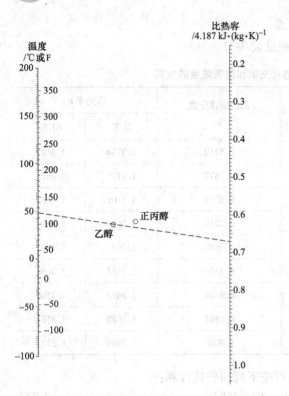

图 3-29　乙醇和正丙醇的定压比热容共线图

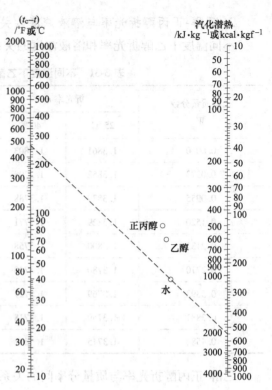

图 3-30　乙醇和正丙醇的汽化潜热共线图

本仪器能测出蔗糖溶液内含糖量浓度的百分数（0% ~ 95%，相当于折光率为 1.333~1.531）。此仪器使用范围甚广，是石油工业、油脂工业、制药工业、制漆工业、食品工业、日用化学工业、制糖工业和地质勘查等有关工厂、学校及有关研究单位不可缺少的常用设备之一。

双目阿贝折光仪的外形结构如图 3-31 所示，分为测量系统和读数系统。

测量系统：光线由反光镜进入进光棱镜，经过被测液体后射入折光棱镜，再经过 2 个阿米西棱镜，以消除色散，然后由物镜将黑白分界线成像于分划板（内有十字叉丝）上，经目镜放大后成像于观察者眼中。

读数系统：光线由小反光镜照明刻度盘，经转向棱镜及物镜将刻度成像于分划板上，再经目镜放大成像后以供观察。

刻度盘和棱镜组是同轴的，旋转手轮可同时转动棱镜组和刻度盘。在测量镜筒视场

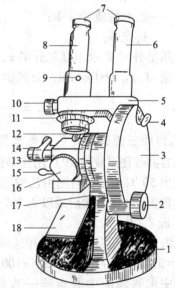

图 3-31　双目阿贝折光仪的构造图

1—底座；2—棱镜转动手柄；3—圆盘（内有刻度板）；4—小反光镜；5—支架；6—读数镜筒；7—目镜；8—望远镜筒；9—刻度调节螺丝；10—阿米西棱镜手轮（消色散调节螺丝）；11—色散值刻度圈；12—棱镜锁紧扳手；13—棱镜组；14—温度计座；15—恒温器接头；16—保护罩；17—主轴；18—反光镜

中如出现彩色区域，使分界不够明显，可旋转阿米西棱镜手轮，以调整棱镜的位置，抵消色散现象，至黑白分界明显，调节手轮使叉丝交点与分界线重合，如图 3-32（a）所示。此时在读数镜筒分划板中的横线在右边刻度所指示的数值即为待测液体的折光率，注意数值为 4 位小数，第 4 位是估读的，如图 3-32（b）所示。对于蔗糖溶液，还可以从分划板中的横线在左边刻度所指示的数据，直接得出该蔗糖浓度的百分数。

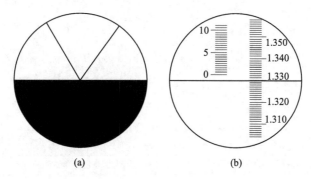

图 3-32　阿贝折光仪示数

阿贝折光仪的具体操作如下所述。

（1）仪器的安装。将折光仪置于靠窗的桌子或白炽灯前，但勿使仪器置于直照的日光中，以避免液体试样迅速蒸发。用橡皮管将测量棱镜和辅助棱镜上保温夹套的进水口与超级恒温槽串联起来，恒温温度以折光仪上的温度计读数为准。

（2）加样。松开锁钮，开启辅助棱镜，使其磨砂的斜面处于水平位置，用滴管加少量丙酮清洗镜面，促使难挥发的玷污物逸走，用滴管时注意勿使管尖碰撞镜面。必要时可用擦镜纸轻轻吸干镜面，但切勿用滤纸。待镜面干燥后滴加数滴试样于辅助棱镜的毛镜面上，闭合辅助棱镜，旋紧锁钮。若试样易挥发，则可在两棱镜接近闭合时从加液小槽中加入，然后闭合两棱镜，锁紧锁钮。

（3）对光。转动手柄，使刻度盘标尺上的示值为最小，调节反射镜，使入射光进入棱镜组，同时从测量望远镜中观察，使视场最亮。调节目镜，使视场准丝最清晰。

（4）粗调。转动手柄，使刻度盘标尺上的示值逐渐增大，直至观察到视场中出现彩色光带或黑白临界线为止。

（5）消色散。转动消色散手柄，使视场内呈现一个清晰的明暗临界线。

（6）精调。转动手柄，使临界线正好处在 X 形准丝交点上，若此时又呈微色散，必须重调消色散手柄，使临界线明暗清晰（调节过程在右边目镜看到的图像如图 3-32（a））。

（7）读数。为保护刻度盘的清洁，现在的折光仪一般都将刻度盘装在罩内，读数时先打开罩壳上方的小窗，使光线射入，然后从读数望远镜中读出标尺上右边刻度所指示的数值即为待测液体的折光率。由于眼睛在判断临界线是否处于准丝点交点时，容易疲劳，为减少偶然误差，应转动手柄，重复测定 3 次，3 个读数相差不能大于 0.0002，然后取其平均值。试样的成分对折光率的影响是极其灵敏的，由于玷污或试样中易挥发组分的蒸发，致使试样组分发生微小的改变，会导致读数不准，因此测 1 个试样须应重复取 3 次样，测定这 3 个样品的数据，再取其平均值。

（8）仪器校正。折光仪的刻度盘上标尺的零点有时会发生移动，须加以校正。校正的方法是用 1 种已知折光率的标准液体，一般是用纯水，按上述方法进行测定，将平均值与标准值比较，其差值即为校正值。在 $15 \sim 30\ ℃$ 之间的温度系数为 $-0.0001/℃$。在精密的测定工作中，须在所测范围内用几种不同折光率的标准液体进行校正，并画成校正曲线，以供测试时对照校核。

实验十一　液-液转盘萃取

一、实验目的

（1）了解转盘萃取塔的基本结构以及实现萃取操作的基本流程。

（2）观察转盘转速变化时，萃取塔内轻、重两相流动状况，了解影响萃取操作的主要因素，研究萃取操作条件对萃取过程的影响。

实验十一
理论教学视频

（3）掌握每米萃取高度的传质单元数 N_{OR}、传质单元高度 H_{OR}、总传质系数 $K_x\alpha$ 和萃取率 η 的实验测定方法。

二、实验原理

液-液萃取是指利用液体混合物中各组分在外加溶剂中的溶解度差异实现组分分离的单元操作，简称萃取。与精馏一样，萃取也是液体混合物分离和提纯的重要单元操作之一。本实验以水为萃取剂，从煤油中萃取苯甲酸（利用苯甲酸在水中的溶解度比其在煤油中的溶解度高），苯甲酸在煤油中的浓度大约为2%（质量分数）。萃取过程中，水和煤油在转盘塔内逆流流动，在转盘塔的外力作用下，煤油相以液滴形式通过水相，使得煤油中的苯甲酸通过相界面部分地从煤油相转移至水相中。两液相由于密度差而分层，一层以水相为主，溶有较多苯甲酸，称为萃取相，用字母 E 表示（也称连续相、重相）；另一层以煤油相为主，且含有未被萃取完的苯甲酸，称为萃余相，用字母 R 表示（也称分散相、轻相）。考虑水与煤油是完全不互溶的，且苯甲酸在两相中的浓度较低，因此可认为在萃取过程中，两相液体的体积流量不发生变化。

（一）传质单元数和传质单元高度的计算

计算微分逆流萃取塔的塔高时，主要是采取传质单元法，即以传质单元数和传质单元高度来表征。传质单元数表示过程分离程度的难易，传质单元高度表示设备传质性能的优劣。

$$H = H_{OR} \times N_{OR} \tag{3-75}$$

式中　H——萃取塔的有效接触高度，m；

　　　H_{OR}——以萃余相为基准的传质单元高度，m；

　　　N_{OR}——以萃余相为基准的总传质单元数，无量纲。

按萃余相计算的传质单元数，对于稀溶液，可近似用下式表示：

$$N_{OR} = \int_{x_R}^{x_F} \frac{dx}{x - x^*} \tag{3-76}$$

式中　x_F——原料液的组成，kg（苯甲酸）/kg（煤油）；

　　　x_R——萃余相的组成，kg（苯甲酸）/kg（煤油）；

　　　x——塔内某截面处萃余相的组成，kg（苯甲酸）/kg（煤油）；

　　　x^*——塔内某截面处与萃取相平衡时的萃余相组成，kg（苯甲酸）/kg（煤油）。

当萃余相浓度较低时，式（3-76）可简化为：

$$N_{OR} = \frac{x_F - x_R}{\Delta x_m} \tag{3-77}$$

式中，Δx_m 为传质过程的平均推动力，可近似由下式计算：

$$\Delta x_m = \frac{(x_F - x^*) - (x_R - 0)}{\ln \dfrac{x_F - x^*}{x_R - 0}} = \frac{(x_F - y_E/k) - x_R}{\ln \dfrac{x_F - y_E/k}{x_R}} \tag{3-78}$$

式中　k——分配系数，例如对于本实验的煤油相-苯甲酸-水相，$k=2.26$；

     y_E——萃取相的组成，kg（苯甲酸）/kg(H_2O)。

    x_F 和 x_R 在实验中通过酸碱滴定分析可得，y_E 可通过如下的物料衡算而得：

$$L_F \times x_F + L_S \times 0 = L_E \times y_E + L_R \times x_R \tag{3-79}$$

式中　L_F——原料液流量，kg/h；

     L_S——萃取剂流量，kg/h；

     L_E——萃取相流量，kg/h；

     L_R——萃余相流量，kg/h。

对稀溶液的萃取过程，因为 $L_F = L_R$，$L_S = L_E$，因此可得：

$$y_E = \frac{L_F}{L_S}(x_F - x_R) \tag{3-80}$$

（二）总传质系数的计算

按萃余相计算的体积总传质系数可按下列公式计算：

$$K_x\alpha = \frac{L_R}{H_{OR}\Omega} \tag{3-81}$$

式中　$K_x\alpha$——萃余相为基准的总传质系数，kg/($m^3 \cdot$ h)；

     L_R——萃余相流量，kg/h；

     Ω——塔的截面积，m^2，$\Omega = \pi\left(\dfrac{D}{2}\right)^2$，$D$ 为塔内径。

（三）萃取率的计算

萃取率 η 可按下式计算：

$$\eta = \frac{L_F \times x_F - L_R \times x_R}{L_F \times x_F} \tag{3-82}$$

对稀溶液的萃取过程，因为 $L_F = L_R$，因此上式可简化为：

$$\eta = \frac{x_F - x_R}{x_F} \tag{3-83}$$

三、实验装置和工艺流程

（一）实验装置

液-液转盘萃取实验装置如图 3-33 所示。在转盘萃取塔的内壁上，自上而下装设一组等距离的固定环，塔的轴线上装设转轴，轴上固定着一组转盘，每个转盘都位于两相邻固

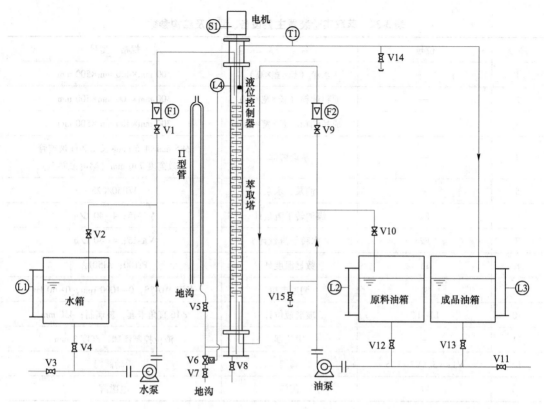

图 3-33　液-液转盘萃取实验装置

Ⓣ1—温度计；Ⓢ1—调速电机；Ⓛ1~Ⓛ3—液位计；Ⓛ4—界面计；Ⓕ1，Ⓕ1—转子流量计；

V1，V9—流量调节阀；V2，V10—旁路阀；V3，V11—排液阀；V4，V12，V13—出料阀；V5—排水阀；

V6—电磁阀；V7—放水阀；V8—放液阀；V14—轻相取样阀；V15—原料取样阀

定环的正中间，盘直径小于环内径，以便装拆。转轴由电动机变速驱动，操作时可通过直流调速器来调节转轴的转速，带动转盘旋转，使两液相也随之转动。两相液流中因此产生相当大的速度梯度和剪切力，一方面使连续相产生旋涡运动；另一方面也促使分散相的液滴变形、破裂及合并，故能提高传质系数、更新及增大相界面积。固定环则起到抑制轴向返混的作用，使旋涡运动大致被限制在两固定环之间的区域。转盘和固定环都较薄且光滑，故液体中不致有局部的高剪应力区，以避免乳化现象的产生，有利于轻重液相的分离。

　　液-液转盘萃取实验装置的控制面板简图如图 3-34 所示。

　　本萃取实验装置主要设备、型号及结构参数见表 3-32。

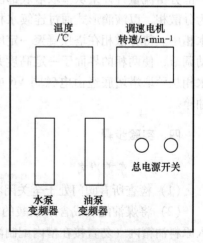

图 3-34　液-液转盘萃取实验装置
控制面板简图

表 3-32 萃取实验装置主要设备、型号及结构参数

序号	位号	名 称	规格、型号
1	—	水箱（长×宽×高）	300 mm×400 mm×500 mm
2	—	原料油箱（长×宽×高）	300 mm×400 mm×500 mm
3	—	成品油箱（长×宽×高）	300 mm×400 mm×500 mm
4	—	萃取塔体	ϕ85 mm×4.5 mm×长 1.2 m 玻璃管 有效高度 750 mm（桨叶或转盘）
5	—	油泵、水泵	WB50/025
6	F1	煤油转子流量计	VA-15；4~40 L/h
7	F2	水转子流量计	VA-15；4~40 L/h
8	T1	数显温度计	Pt100；AI501A
9	S1	调速电机	直流 MD-3S，0~1000 rpm，0~50 Hz
10	L1~L3	玻璃液位计	ϕ16 直角卡套，玻璃制；450 mm
11	—	限位器	液位控制浮球，高度 3 mm
12	V1~V5，V7~V15	阀门	手动阀门
13	V6	阀门	电磁阀

（二）工艺流程

本实验以水为萃取剂，从煤油中萃取苯甲酸，苯甲酸在煤油中的浓度大约为 2%（质量）。水相为萃取相（又称为连续相、重相），煤油相为萃余相（又称为分散相、轻相）。水相从水箱流出经水泵提升后，一部分由旁路阀返回水箱，一部分由流量计计量从萃取塔顶部注入塔内；煤油相从原料油箱中流出经油泵提升后，一部分由旁路阀返回原料油箱，一部分由流量计计量从萃取塔底部注入塔内。两相液体在塔内作逆流流动，其中煤油相作为分散相，以液滴形式通过连续水相，煤油中的苯甲酸通过相界面部分地从煤油相转移至水相中。待分散相在塔顶凝聚一定厚度的液层后，通过电磁阀 V6 自动调节或者 π 型管手动调节，使两相的界面于一定高度并保持稳定。两液相依靠密度差在塔的两端实现分离，水相从萃取塔塔底经由电磁阀 V6 或 π 型管排至地沟，而煤油相从萃取塔塔顶流入成品油箱。

四、实验步骤

（一）开车前准备

（1）检查所有阀门处于全关闭状态。

（2）将煤油配制成含苯甲酸的混合物后（质量分数约为 2%），加入原料油箱内（勿直接在槽内配制溶液，以免苯甲酸固体颗粒堵塞油泵的入口）。

（3）水箱内加入至少 2/3 的水，避免实验过程中水泵空载运行。

实验十一
实验操作教学视频

（4）准备好分析用的药品及材料：浓度为 0.1 mol/L 左右的 KOH-CH₃OH 标准液、溴百里酚蓝指示剂、碱式滴定管、移液管、洗耳球、三角瓶等。

（二）开车

（1）打开总电源，对于水相：打开水箱底部出料阀 V4 和旁路阀 V2，启动水泵的变频器开关，使其循环流动；对于煤油相：打开原料油箱底部出料阀 V12 和旁路阀 V10，启动油泵的变频器开关，使其循环流动。

（2）打开水相转子流量计 F1 和流量调节阀 V1，将水相（连续相）送入塔内。当塔内水面逐渐上升到重相入口与轻相出口的中间位置时，将水流量调至指定值（约 8 L/h）。

（3）启动调速电机调节转速至 200 r/min。

（4）打开油相转子流量计 F2 和流量调节阀 V9，流量调至指定值（约 10 L/h），将煤油相（分散相）送入塔内。（在进行数据计算时，对煤油转子流量计测得的数据要校正，即煤油的实际流量应为 $V_{校} = \sqrt{\dfrac{1000}{800}} V_{测}$，其中 $V_{测}$ 为煤油流量计上的显示值。）

（5）注意调节塔内两相的相界面高度并保持稳定，使其位于塔顶重相入口与轻相出口的中间位置。采用两种方式进行调节：

1）电磁阀 V6 自动调节，原理：塔内液位控制浮球的密度介于油水之间，其刚好处于两相界面；当两相界面升高时，浮球上升，会触发电磁阀 V6 自动连通，进而将水部分排放至地沟以保证两相界面高度稳定。

2）π 型管手动调节，原理：利用 π 型管与塔内连通的原理，通过缓慢调节 π 型管高度使得塔内的两相界面高度稳定。

（6）待两相界面高度稳定 30 min 后，通过原料取样阀 V15 和轻相取样阀 V14，对原料液和萃余液分别进行取样分析，测定原料液组成 x_F 和萃余液组成 x_R，并利用式（3-73）计算萃取液组成 y_E。实验数据记录于表 3-33 中。

※滴定分析具体步骤如下：

1）用移液管量取待测样品 25 mL，加 1-2 滴溴百里酚蓝指示剂。

2）用 KOH-CH₃OH 溶液滴定至终点，则所测浓度为

$$x = \frac{N \times \Delta V \times 122}{25 \times 0.8} \times 10^{-3} \qquad (3-84)$$

式中　N——KOH-CH₃OH 溶液的当量浓度，0.1 mol/L；

　　　ΔV——滴定用去的 KOH-CH₃OH 溶液体积量，mL。

此外，苯甲酸的分子量为 122 g/mol，煤油密度为 0.8 g/mL，样品量为 25 mL。

（7）改变转速，同样注意塔内两相的相界面高度并保持稳定，稳定 30 min 后再次取样分析，并计算不同转速下的 N_{OR}、H_{OR}、$K_x \alpha$ 和 η，从而判断外加能量对萃取过程的影响。

（三）停车

（1）关闭两相流量调节阀 V1 和 V9 后，再关闭水泵和油泵电源。

（2）将电机调速器调至零位，待搅拌轴停止转动后关闭总电源。

（3）关闭阀门水箱底部出料阀 V4 和旁路阀 V2、原料油箱底部出料阀 V12 和旁路阀 V10。

（4）滴定分析过的煤油应集中回收存放，清洗分析仪器，保持实验台面整洁。

五、实验注意事项

（1）调节转速时需慢慢地升速，避免马达"飞转"损坏设备。对于煤油-水-苯甲酸物系，转速太高，容易乳化，操作不稳定，建议在 500 r/min 以下操作。

（2）萃取塔顶部两相的相界面一定要控制在重相入口与轻相出口之间适中的位置，操作过程中，要绝对避免塔顶的两相界面过高。若两相界面过高，到达轻相出口的高度，则将会导致水混入煤油箱中。

（3）由于分散相和连续相在塔顶、塔底滞留量很大，改变操作条件后，稳定时间一定要足够长，至少需要 30 min，否则误差过大。

（4）煤油实际的体积流量并不等于流量计的读数，需要用煤油流量的读数时，必须用流量修正公式对流量计的读数进行修正后方可使用。

（5）煤油流量不要太小或太大，太小会导致煤油出口的苯甲酸浓度过低，从而导致分析误差加大；太大会使煤油消耗量增加，经济上造成浪费。建议水流量控制在 8 L/h 为宜。

（6）实验结束后，塔内的水要放出一部分，以使塔内的煤油层的上液面降至浮球以下（露出浮球即可）。

（7）实验结束后，一定要先关闭水流量计的开关，然后再关闭泵的开关，否则煤油容易倒吸至水槽中。

六、实验数据记录

将实验测得的数据记录在表 3-33 中。

表 3-33　液-液转盘萃取实验数据记录表

序号	转速 /r·min^{-1}	水的流量 /L·h^{-1}	煤油的流量 /L·h^{-1}	校正后煤油的实际流量 /L·h^{-1}	滴定原料液用去的 KOH-CH$_3$OH 溶液体积量/mL	滴定萃余液用去的 KOH-CH$_3$OH 溶液体积量/mL
1						
2						
3						

注：待测样品体积为 25 mL。

将 KOH-CH$_3$OH 溶液的当量浓度和计算的结果总结列于表 3-34 中，便于比较分析转速 n 对实验结果的影响。

表 3-34　液-液转盘萃取实验结果表

KOH-CH$_3$OH 溶液的当量浓度 $N=$ _____ mol/L。

序号	转速 /r·min^{-1}	原料液组成 x_F	萃余液组成 x_R	萃取液组成 y_E	平均推动力 x_m	传质单元数 N_{OR}	传质单元高度 H_{OR}	总传质系数 $K_x\alpha$	萃取率 η
1									
2									
3									

七、实验报告

（1）计算不同转速条件下的传质单元数 N_{OR}、传质单元高度 H_{OR}、总传质系数 $K_x\alpha$ 和萃取率 η，并列出计算示例。

（2）绘制传质单元数 N_{OR} 和转速 n 的曲线，即 N_{OR}-n 线。

（3）绘制传质单元高度 H_{OR} 和转速 n 的曲线，即 H_{OR}-n 线。

（4）绘制总传质系数 $K_x\alpha$ 和转速 n 的曲线，即 $K_x\alpha$-n 线。

（5）绘制萃取率 η 和转速 n 的曲线，即 η-n 线。

（6）根据上面四曲线，分析转速变化对传质单元数 N_{OR}、传质单元高度 H_{OR}、总传质系数 $K_x\alpha$ 和萃取率 η 的影响，并给出合理的解释。

八、思考题

（1）请分析比较萃取实验装置与吸收、精馏实验装置的异同点？

（2）采用中和滴定法时，标准碱为什么选用 KOH-CH$_3$OH 溶液，而不选用 KOH-H$_2$O 溶液？

（3）本实验中的电磁阀起什么作用？

（4）实验过程中如发现相界面在萃取塔上端且一直上移，可采取哪些措施？

实验十二　干燥曲线与干燥速率曲线的测定

一、实验目的

（1）了解流化床干燥装置的基本结构和操作方法。

（2）学习湿物料在恒定干燥条件下干燥曲线的实验测定方法。

（3）掌握根据干燥曲线求取干燥速率曲线以及临界含水率 X_c、平衡含水率 X^* 的实验分析方法。

实验十二
理论教学视频

二、实验原理

工业上，为了满足生产工艺中对物料含水率的要求或便于贮存、运输，常常需要从湿的固体物料中除去湿分（水或其他液体），这种过程简称为"去湿"。去湿的方法通常有机械法和热能法。热能法，即借助热能使物料中的湿分气化，同时将产生的蒸汽排除，这种方法通常被称为干燥。

流化干燥是固体流态化技术在干燥上的应用。图 3-35 所示为一单层圆筒流化床干燥器。

被干燥的散粒状物料从左侧加入，与通过多孔分布板向上的热气流相接触。只要气流速度保持在颗粒的起始流化速度和带出速度之间，颗粒便能在热气流中上下翻滚，相互混合、碰撞，与热气流进行传热与传质而达到干燥的目的。经干燥后的颗粒由床右侧卸出，气流经旋风分离器回收其中夹带的粉尘后，自顶部排出。由于在上述气速范围内，颗粒在床层中的翻滚，在外表上类似于液体的沸腾现象，故又称为沸腾床，流化干燥也称为沸腾干燥。

流化床干燥器有两个显著特点：一是由于颗粒分散并作不规则运动，造成了气、固两相的良

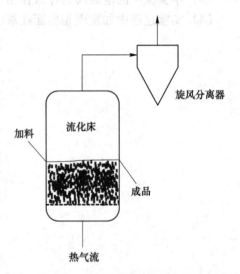

图 3-35　单层圆筒流化床干燥器

好接触，加速了传热速率和传质的速率，因此床内温度均匀、便于准确控制，能够避免局部过热；二是颗粒在流化床内的平均停留时间便于调节，特别适于去除需时较长的结合水分。流化床干燥器设备结构较简单、紧凑，容易使过程连续化，故得到较广泛的应用。

按干燥过程中空气状态参数是否变化，可将干燥过程分为恒定干燥条件操作和非恒定干燥条件操作两大类。若用大量空气干燥少量物料，则可以认为空气在干燥过程中温度、湿度均不变，再加上气流速度以及气流与物料的接触方式不变，则称这种操作为恒定干燥条件下的干燥操作。

本实验用大量空气在流化床装置中干燥少量湿硅胶，因此可认为是恒定干燥条件下的干燥操作。

（一）干燥曲线

由于干燥机理的复杂性，至今研究尚不够充分，干燥速率的数据主要依靠实验。在实验过程中，记录不同时间 θ 下湿物料的质量 G，直到物料质量不再变化时为止，物料中最后所含水分即为平衡含水率 X^*。再将物料进一步烘干，得到绝干物料质量 G_c。物料中的瞬间含水率 X（干基含水率）为

$$X = \frac{G - G_c}{G_c} \tag{3-85}$$

将物料的含水率 X 对干燥时间 θ 进行标绘可得图 3-36 所示的典型干燥曲线。由此图可直接读出在恒定条件下将物料干燥至某一含水率所需的时间。如图 3-36 所示，物料的含水率在经过不长的调整时间（图中 AB 或 $A'B$）后，随干燥时间呈直线关系减少，如图中 BC 段所示，到达某一临界点 C 后，减少的速度变慢，如曲线 CE 所示。物料干燥曲线的具体形状视物料种类和干燥条件而定。

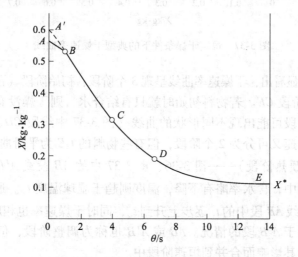

图 3-36 恒定干燥条件下的干燥曲线

（二）干燥速率曲线

干燥速率 U 的定义是单位时间单位干燥表面积上汽化的水分质量，即

$$U = \frac{dW}{A d\theta} = -\frac{G_c}{A}\frac{dX}{d\theta} \tag{3-86}$$

式中 U——干燥速率，又称干燥通量，$kg/(m^2 \cdot s)$；

       W——汽化的水分质量，kg；

       G_c——绝干物料的质量，kg；

       A——干燥表面积，m^2；

       θ——干燥时间，s；

       X——干基含水率，kg/kg。

式中负号表示 X 随干燥时间的增加而减少。

由已测得的干燥曲线（图 3-36）求出不同 X 下的斜率 $\dfrac{dX}{d\theta}$，再由式（3-86）计算得到

干燥速率 U。将 U 对 X 作图，就是干燥速率曲线，如图 3-37 所示。

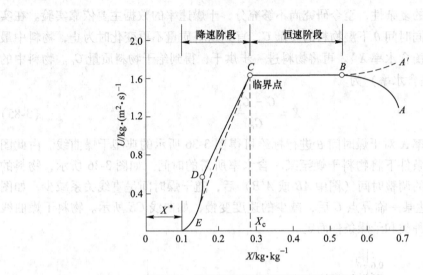

图 3-37　恒定干燥条件下的典型干燥速率曲线

由图 3-37 中可明显看出，干燥速率曲线呈现 3 个阶段：初始阶段（预热阶段）$AB(A'B)$、恒速阶段 BC、降速阶段 CE。若物料初始时就只有结合水，则干燥没有恒速阶段。对于不同的物料，在降速阶段可能出现不同形状的曲线（图 3-37 中线段 CD、DE 在点 D 有明显的转折，这意味着降速又可分为 2 个阶段，但有些物料的 CE 为平滑曲线）。

1. 初始阶段（预热阶段）——图 3-36、图 3-37 中的 AB 段或 $A'B$ 段

物料在初始阶段中，含水率略有下降，温度则趋于湿球温度 t_w。通常表面初始温度 t_i 低于 t_w（点 A），故曲线 AB 段中的 t_i 逐步上升到 t_w，同时干燥速率也相应加快；也有可能 t_i 高于 t_w，则出现相当于 $A'B$ 段的情况。AB 或 $A'B$ 也称为调整阶段，但一般很短，所以通常在干燥计算中不计其影响而合并到恒速阶段中。

2. 恒速阶段——图 3-36、图 3-37 中的 BC 段

在这一阶段，物料整个表面都有充分的非结合水分（简称湿润），物料表面的水汽分压与同温度下水的蒸汽压相等，干燥速率由水在表面的汽化速率所控制。恒定干燥条件下，当物料表面保持湿润时，表面温度（绝热条件下即为湿球温度）t_w、蒸气压 p_w 及饱和湿度 H_w 不变，故干燥推动力不变，干燥速率亦为恒定值。

3. 降速阶段——图 3-36、图 3-37 中的 CE 段

图 3-37 中的点 C 是由恒速阶段转到降速阶段的临界点，此时物料的平均含水率称为临界含水率，以 X_c 表示。此后，物料内部水分移动到表面的速率已赶不上表面的水分汽化速率，干燥过程速率由水分从物料内部移动到表面的速率所控制，物料表面就不再能维持全部湿润，部分表面上汽化的为结合水分，而且随着干燥的进行，湿润表面不断减少，因而，按全部表面积计算的干燥速率不断降低。这一阶段称为降速第一阶段或不饱和表面干燥阶段。即图 3-37 中的 CD 段。当达到点 D 时，全部物料表面都不含非结合水分。

降速第二阶段从点 D 开始。水分的汽化面随着干燥过程的进行逐渐由表面向物料内部移动，汽化所需的热量需通过已干燥的固体物料层传递到汽化面，同时汽化的水分也通过

该层固体进入空气流。在这一阶段中，干燥速率比前一阶段下降得更快（图 3-37 中的曲线 DE），受水分在物料中移动的速率控制。最后到达点 E 时，物料的含水率降到了平衡含水率 X^*，干燥过程的继续已不能降低物料的含水率。某些情况下，由部分湿润表面过渡到全部干燥的表面并不明显，这时曲线 CDE 是平滑的，不出现转折点 D。

应当指出，临界含水率 X_c 是整个物料层的平均值，它既取决于恒速阶段的干燥速率，也取决于物料层厚度、物料粒度等。通常恒速阶段的干燥速率愈大、物料层愈厚、堆积物料的颗粒粒度愈细，则 X_c 愈大。由于 X_c 愈大，干燥将越早由恒速转入降速阶段，故除去的水分量相同时，所需的干燥时间愈长。为了减小 X_c，应尽可能减小物料厚度。因此采用流化床干燥，既可以减小临界含水率，同时增大干燥面积，进而加快干燥速率。

三、实验装置和工艺流程

（一）实验装置

本实验是利用恒定条件下的热空气在流化床中干燥湿硅胶。流化床干燥实验装置如图 3-38 所示，主要由流化床干燥器、热空气系统以及湿物料系统等构成。流化床干燥器主体是玻璃圆筒，底部有多孔分布板，既可以支撑湿物料，又可以作为气体分布器分散热空气

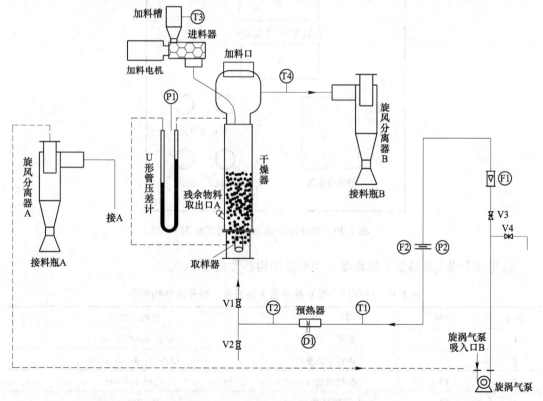

图 3-38　流化床干燥实验装置流程示意图

Ⓣ1—空气温度；Ⓣ2—预热器空气出口温度；Ⓣ3—物料入口温度；Ⓣ4—干燥器空气出口温度；

Ⓕ1—空气转子流量计；Ⓕ2—孔板流量计；Ⓟ1—干燥器压降；Ⓟ2—孔板流量计压差；

Ⓓ1—预热器；V1—空气进干燥器控制阀；V2—空气放空阀；V3—空气流量调节阀；V4—旁路调节阀

流。热空气系统主要由旋涡气泵、旁路调节阀、空气流量计、预热器、旋风分离器 B 共同组成。湿物料系统主要由加料口、取样器、残余物料出口和旋风分离器 A 共同组成。

流化床干燥实验装置控制面板如图 3-39 所示。

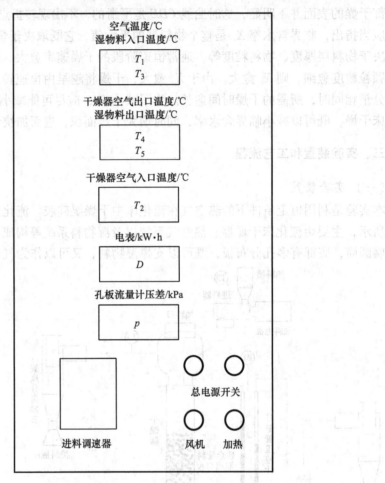

空气温度/℃
湿物料入口温度/℃

T_1
T_3

干燥器空气出口温度/℃
湿物料出口温度/℃

T_4
T_5

干燥器空气入口温度/℃

T_2

电表/kW·h

D

孔板流量计压差/kPa

p

总电源开关

进料调速器　　　　风机　　加热

图 3-39　流化床干燥实验装置面板图

流化床干燥实验装置主要设备、型号及结构参数见表 3-35。

表 3-35　流化床干燥实验装置主要设备、型号及结构参数

序号	位号	名　　称	规格、型号
1	—	玻璃干燥器	ϕ110 mm×300 mm
2	F1	气体转子流量计	LZB-40，4~40 m³/h
3	F2	孔板流量计	孔径 ϕ17 mm
4	P1	U 形管压差计	0~300 mm
5	P2	孔板压差传感器	0~10 kPa
6	—	物料接收槽	ϕ110 mm×160 mm
7	—	风机	XGB-12

续表 3-35

序号	位号	名　　称	规格、型号
8	D	电表	1.5 kW, 220 V, 501 F
9	—	进料电机	YN90-90；带减速、最大转速（10 r/min）
10	—	进料调速盒	US-52
11	T1、T3、T4	温度传感器	Pt100，AI702FJ0J0 数显仪表
12	T2	干燥器入口温度传感器	Pt100，AI519FG 数显仪表
13	V1~V4	阀门	—

（二）工艺流程

空气作为热介质，经风机输送至转子流量计计量后进入空气预热器，经加热后进入流化床干燥器中；在流化床干燥器中，热空气与湿硅胶进行流态化的接触和干燥，废气上升至流化床顶部，最后经旋风分离器 B 除尘后排放至大气中。

湿硅胶作为被干燥的物料，由加料口直接加入流化床进行干燥，一部分在实验过程中，经取样器取出称重分析；另一部分在实验结束后，由残余物料出口经旋风分离器 A 取出。

四、实验步骤

（一）开车前准备

（1）检查设备、容器及仪表是否完好且灵敏好用。关闭空气进干燥器控制阀 V1 和风机流量计，打开空气放空阀 V2 和旁路调节阀 V4。

（2）选取合适的粒径硅胶 400 mL，加入适量水搅拌均匀备用。

（3）开启电子天平，预热后按编号分别称量空称量瓶的质量，数值记为 m_1（第一次称重——“空称量瓶”）。

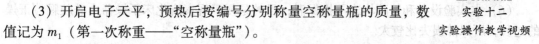

实验十二
实验操作教学视频

（4）打开电热鼓风干燥箱，温度调至 80 ℃，并确认干燥箱的鼓风是打开状态。

（二）开车

1. 准备好恒定干燥条件下的热空气

开启总电源后，先开风机，调节风机流量计读数至 25 m³/h，再开预热器加热，待干燥器空气入口温度为 60 ℃时，即说明恒定干燥条件下的热空气已准备好，其流量和温度恒定。

2. 加入湿硅胶准备干燥

将湿硅胶迅速从加料口加入流化床后，先打开空气进干燥器控制阀 V1，再关闭空气放空阀 V2，再次调节风机流量计读数恢复至 25 m³/h，并开始计时。

3. 取样—称重—烘干

（1）取样。按照表 3-36 的时间节点，利用取样管进行间隔取样（取样管操作步骤：插入取样管→拽出取样管并反转→用称量瓶在取样管口取样→取样管再次反转复位）。

（2）称重。取样完成后，冷至室温后称重，记为 m_2（第二次称重——“空称量瓶+湿硅胶”）。

（3）烘干。称重后将样品放入电热鼓风干燥箱烘干。按照要求的时间节点重复“取样—称重—烘干”操作。

（三）停车

（1）取样完毕后，对于样品：当电热鼓风干燥箱内放入最后一个样品后，升高温度至100 ℃，再继续干燥所有样品 30 min；关闭电热鼓风干燥箱，取出样品，冷却至室温后再次称重，记为 m_3（第三次称重——"空称量瓶+干硅胶"）。

（2）对于设备：先关加热，待干燥器入口温度接近室温后，再关风机、转子流量计和总电源。

（3）出料。设备降温的同时，取出流化床干燥器内剩余的硅胶。具体操作：1）关闭空气进干燥器控制阀 V1，打开空气放空阀 V2；2）打开残余物料出口；3）借助旋风分离器 A，其顶端出口与旋涡气泵相连，侧面出口与残余物料出口相连，利用负压抽吸的方法将流化床干燥器内剩余硅胶转移至接料瓶 A；4）将所有硅胶转放在量杯中，加水搅匀以备下次实验继续使用。

五、实验注意事项

（1）实验中风机旁路阀门 V4 不要全关。空气放空阀 V2 实验前后应全开，实验中应全关。

（2）开车时必须先开风机，再开加热器，否则加热管会被烧坏；停车时，先关加热器，待干燥器入口温度接近室温后，再关风机。

（3）实验期间尽量保持干燥条件（热空气的流量和温度）不变。

（4）样品放入电热鼓风干燥箱烘干时，务必要打开瓶盖，保证水分的充分挥发。

（5）注意节约使用硅胶并严格控制加水量，水量不能过大，小于 0.5 mm 粒径的硅胶也可用来作为被干燥的物料，只是干燥过程中旋风分离器不易将细粉粒分离干净而被空气带出。

（6）本实验设备和管路均未严格保温，目的是便于观察流化床干燥器内硅胶颗粒干燥的过程，所以热损失比较大。

六、实验数据记录

将实验测得的数据记录在表 3-36 中，并将处理后的实验结果记录在表 3-37 中。

表 3-36　干燥曲线和干燥速率曲线测定实验数据记录表

序号	取样时间 θ/min	称重/g		
		空称量瓶 m_1	空称量瓶+湿硅胶 m_2	空称量瓶+干硅胶 m_3
1	1			
2	2			
3	3			
4	4			
5	5			
6	6			
7	7			
8	8			
9	9			
10	10			
11	12			

序号	取样时间 θ/min	称重/g		
		空称量瓶 m_1	空称量瓶+湿硅胶 m_2	空称量瓶+干硅胶 m_3
12	14			
13	16			
14	18			
15	20			
16	24			
17	28			
18	32			
19	36			
20	40			
⋮	⋮			

表 3-37　干燥曲线和干燥速率曲线测定实验结果记录表

序号	绝干物料的质量 G_c/g	干基含水率 X	$\dfrac{\mathrm{d}X}{\mathrm{d}\theta}$	干燥速率 $U/\mathrm{kg}\cdot(\mathrm{m}^2\cdot\mathrm{s})^{-1}$
1				
2				
3				
4				
5				
6				
7				
8				
9				
10				
11				
12				
13				
14				
15				
16				
17				
18				
19				
20				
⋮				

注：本实验使用的硅胶的比表面积为 306 m^2/g。

七、实验报告内容

（1）绘制干燥曲线（X-θ 图）。

（2）根据干燥曲线绘制干燥曲线速率曲线（U-X 图），并给出干燥速率 U 的计算示例。

（3）根据 U-X 图和处理结果读取物料的临界含水率、平衡含水率。

（4）记录实验现象，对必要的实验现象进行解释。

八、思考题

（1）什么是恒定干燥条件？本实验装置中采用了哪些措施来保持干燥过程在恒定干燥条件下进行？

（2）控制恒速干燥阶段速率的因素是什么？控制降速干燥阶段干燥速率的因素又是什么？

（3）为什么要先启动风机，再启动加热器？实验过程中床层温度是如何变化？为什么？如何判断实验已经结束？

（4）若加大热空气流量，干燥速率曲线有何变化？恒速干燥速率、临界湿含量又如何变化？为什么？

第四章 化工原理演示实验

演示实验一 雷诺实验

一、实验目的

（1）建立对层流（滞流）和湍流两种流动类型直观的、感性的认识。
（2）观察层流时流体在圆管内的流动速度分布。
（3）熟悉雷诺数的测定与计算。
（4）观察雷诺数与流体流动类型的相互关系。

二、实验原理

流体在流动过程中有两种不同的流动型态，即层流和湍流。它取决于流体流动时雷诺数的大小。雷诺数的定义为

$$Re = \frac{du\rho}{\mu} \tag{4-1}$$

式中　d ——管路直径或当量直径，m；
　　　u ——流体的流速，m/s；
　　　ρ ——流体的密度，kg/m^3；
　　　μ ——流体的黏度，Pa·s。

一般情况下，当 $Re \leqslant 2000$ 时，流体流动类型属于层流（也称为滞留）；当 $Re \geqslant 4000$ 时，流动类型属于湍流；Re 值在 2000~4000 范围内是不稳定的过渡状态，可能是层流也可能是湍流，取决于外界干扰条件，如管道直径或方向的改变、管壁粗糙、有外来振动等都易导致湍流。

对于一定温度的流体，在特定的圆管内流动，雷诺数仅与流速有关。本实验是改变水在管内的速度，观察在不同雷诺数下流体流型的变化。

当流体的流速较小时，管内流动为层流，管中心的指示液形成一条稳定的细线通过全管长，与周围的流体无质点混合；随着流速的增加，指示液开始波动，形成一条波浪形细线；当速度继续增加，指示液将被打散，与管内流体混合。

三、实验装置

本实验的装置如图 4-1 所示。实验装置由高位水箱、透明玻璃管、红色墨水瓶及输送红色墨水至透明玻璃管中心的细管等组成。高位槽实验过程中保持有适当溢流，以保持水压稳定。通过透明玻璃管末端的阀门控制流量来改变雷诺数的大小。

实验现象展示的层流、湍流及层流、湍流之间的过渡状态如图 4-2 所示。

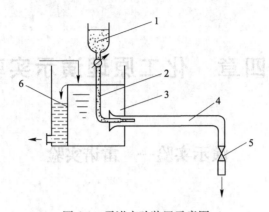

图 4-1　雷诺实验装置示意图

1—红色墨水小瓶；2—细管；3—高位水箱；4—透明玻璃管；5—流量调节阀；6—溢流装置

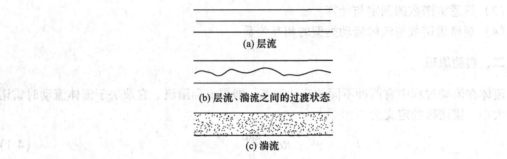

图 4-2　流体流动层流和湍流示意图

四、实验步骤

（一）流体流动型态实验

（1）打开进水阀，使自来水充满高位水箱。

（2）待有溢流后，打开流量调节阀。

（3）缓慢地打开墨水调节阀。

（4）调节流量调节阀，并注意观察滞流现象。

（5）逐渐加大流量调节阀的开度，并注意观察过渡流现象。

（6）进一步加大流量调节阀的开度，并注意观察湍流现象。

（7）由涡轮流量计测得流体的流量（或采用体积法）并计算出雷诺准数。

（8）关闭墨水调节阀，然后关闭进水阀，待玻璃管中的颜色消失，关闭流量调节阀门，结束本次实验。

（二）流体在圆管内的速度分布曲线的演示

（1）打开进水阀，使自来水充满水箱。

（2）打开墨水调节阀，在玻璃导管内积有一定量的带颜色的墨水。

（3）迅速打开流量调节阀至大流量的开度，并注意观察流体在圆形玻璃管内的速度分布曲线。

（4）关闭墨水调节阀，然后关闭进水阀，待玻璃管中的颜色消失，关闭流量调节阀门，结束本次实验。

五、注意事项

（1）在测定层流现象时，指示液的流速必须小于或等于观察管内的流速。若大于观察管内的流速则无法看到一条直线，而是和湍流一样的浑浊现象。

（2）在实验台周围不得有外加的干扰。实验者调节好装置后手应该不再接触设备，避免实验现象的不正常。

（3）随出水流量减小，应适当关小高位水箱供水阀门，以减小溢流量引发的扰动。

六、思考题

（1）雷诺数的物理意义是什么？

（2）影响流体流动型态的因素有哪些？如何通过雷诺数判断流动属于层流或者湍流？

（3）如果雷诺数在 2000~4000 范围内，属于什么流动型态？

（4）举例说明不同的流动型态对哪些化工过程有什么影响？

演示实验二　流体三种机械能守恒转化实验

一、实验目的

（1）掌握流体流动中各种能量或压头的定义及其相互转化关系，加深对伯努利方程的理解。

（2）观察静压头、位压头、动压头相互转换的规律。

二、实验原理

流动的流体具有三种机械能：位能、静压能和动能，这三种机械能是可以相互转化的。在流体力学中，用以表示各种机械能大小的流体柱高度称之为"压头"。分别称为位压头、动压头、静压头、损失压头。在没有摩擦损失且不输入外功的管路中，在定态流动中流体流过任意截面时的机械能总和不变。在有摩擦损失且不输入外功的管路中，任意两截面处的总机械能之差即为摩擦损失。

流体流经管路某截面处的各种机械能大小均可以用测压管中的一段液柱高度来表示，当测压管上的小孔（即测压孔的中心线）与水流方向垂直时，测压管内液位高度（从测压孔算起）即为静压头，它反映测压点处液体压强大小。当测压孔由与水流方向垂直方位转为正对水流方向时，测压管内液位将因此上升，所增加的液位高度即为测压孔处液体的动压头，它反映出该点水流动能的大小。这时测压管内液位总高度则为静压头与动压头之和。测压孔处液体的位压头由测压孔的几何高度决定。

实验中通过测定流体在不同管径、不同位置测压管中的液面高度，反映出摩擦损失的存在及动能、静压能之间的相互转化。

流体的机械能衡算，以单位重量（1N）流体为衡算基准，当流体在两截面之间稳定流动且无外功参加时，伯努利方程的表达形式为

$$z_1 + \frac{p_1}{\rho g} + \frac{u_1^2}{2g} + h_e = z_2 + \frac{p_2}{\rho g} + \frac{u_2^2}{2g} + h_f \tag{4-2}$$

式中　z——位能（位压头），流体因处于地球重力场而具有的能量，其值与流体到基准面的垂直距离相关，m，（注意此处"m"为能量单位，其实质是 J/N）；

$\frac{p}{\rho g}$——静压能（静压头），流体流动时对抗压力所做的功，其值与流体的压力相关，m(J/N)；

$\frac{u^2}{2g}$——动能（动压头），流体因运动而具有的能量，其值与流体的流速相关，m(J/N)；

h_e——外界加予流体的压头，一般为泵做功，m(J/N)；

h_f——压头损失，m(J/N)。

三、实验装置

实验设备由玻璃管、测压管、活动测压头、水槽、循环水泵等组成，如图4-3所示。

活动测压头的小管端部封闭。管身开有小孔，小孔位置与玻璃管中心线平齐，小管又与测压管相通，转动活动测压头就可以测量动压头和静压头。管路分成 4 段，由大小不同的两种规格的玻璃管所组成，第 2 段的内径约为 24mm，其余部分的内径约为 13mm。第 4 段的位置比第 3 段低 5cm，调节阀 A 供调节流量之用。

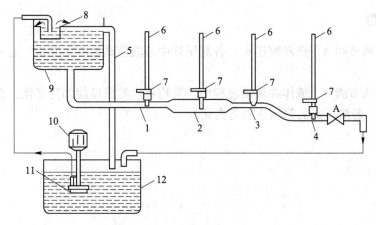

图 4-3　伯努利方程实验装置流程图

1, 3, 4—玻璃管（内径约为 13mm）；2—玻璃管（内径约为 24mm）；5—溢流管；6—测压管；7—活动测压头；
8—水流稳定装置；9—高位水槽；10—电动机；11—循环水泵；12—储水箱

四、实验步骤

（1）验证流体静力学原理。

1）启动电机，循环水泵工作，使高位水槽充满水，然后关闭电机。

2）关闭调节阀 A，旋转测压头，观察各测压管中心液位高度。这时各测压管液面高度相同，并且与高位水槽的液面相齐。这说明：当流体静止时，其内部各点的压强只与深度有关，位能与静压能之和为定值。

（2）验证一定流量下流动体系的机械能分布及转换。

1）启动电机，循环水泵工作，调节电机转速，使高位水槽充满水并有适当溢流。

2）开调节阀 A 至一定大小，将测压孔转到正对水流方向，观察并记录各测压管的液位高度；再将测压孔转到垂直于水流的方向，同样并观察记录各测压管的液位高度；通过液位高度变化观察流体流动时的压头损失。

3）分析测压管指示值的变化规律，分析为什么会这样变化。

（3）验证不同流量下流动体系的机械能分布与转换。

继续缓慢地开大调节阀 A，使水流量增大到某一值，在该流量下重复（2）中第 2）、第 3）步测量和分析的操作。之后，改变 3~5 个不同的流量继续进行测量和分析的操作。

（4）关闭流量调节阀 A，关闭循环水泵，结束本次实验。

五、注意事项

（1）循环泵流量大小通过电机变频器调节，以保持高位槽水始终有少量的溢流为佳，否则流动不稳定，会造成很大的误差。

（2）若管内或测压点处有气泡，要及时排除，以提高实验数据的稳定性。

（3）测压孔有时会被堵塞，造成测压管升降不灵，要及时疏通。

（4）测压管高度会在一定高度范围内上下波动，一定要在流动稳压后由同一位同学专门读取数据，以减小人员误差。

六、思考题

（1）关闭调节阀 A，旋转测压头，各测压管中心液位高度有无变化？这一高度的物理意义是什么？

（2）关小调节阀 A，流体在流动过程中，沿程各点的机械能如何变化？系统的总阻力损失如何变化？各测压点的静压头如何变化？

参 考 文 献

[1] 谭天恩，窦梅．化工原理（上）[M]．4 版．北京：化学工业出版社，2013.
[2] 谭天恩，窦梅．化工原理（下）[M]．4 版．北京：化学工业出版社，2013.
[3] 柴诚敬，贾绍义．化工原理（上）[M]．3 版．北京：化学工业出版社，2016.
[4] 柴诚敬，贾绍义．化工原理（下）[M]．3 版．北京：化学工业出版社，2017.
[5] 王存文．化工原理实验（双语版）[M]．北京：化学工业出版社，2014.
[6] 郑育英，李珩德．化工原理实验 [M]．北京：化学工业出版社，2019.
[7] 吴晓艺．化工原理实验 [M]．北京：清华大学出版社，2013.
[8] 于奕峰，袁中凯，尤小祥．化工原理实验 [M]．天津：天津科学技术出版社，2006.
[9] 王红梅，徐铁军．化工单元操作实训 [M]．北京：化学工业出版社，2016.
[10] 王许云，王晓红，田文德．化工原理（双语版）[M]．北京：化学工业出版社，2019.
[11] 大连理工大学．化工原理（下）[M]．北京：高等教育出版社，2009.
[12] 叶向群，单岩．化工原理实验及虚拟仿真（双语版）[M]．北京：化学工业出版社，2017.

附　　录

附录1　坐标的分度及对数坐标基本知识

一、坐标分度

坐标分度指某条坐标轴所代表的物理量大小，即选择适当的坐标比例尺。

两个坐标中一般取独立变量为 x 轴，因变量为 y 轴；两轴都要标明变量的名称、符号和单位。

标绘的图形占满整幅坐标纸，匀称居中，避免图形偏于一侧。

标绘数据和曲线：将实验结果依自变量和因变量关系，逐点标绘在坐标纸上。若在同一张坐标纸上，同时标绘几组数据，则各实验点要用不同符号（如●、□、▲、○、◆等）加以区别，根据实验点的分布绘制一条光滑曲线，该曲线应通过实验点的密集区，使实验点尽可能接近该曲线，且均匀分布于曲线的两侧，个别偏离曲线较远的点应加以剔除。

为了得到良好的图形，在量 x 和 y 的误差已知的情况下，比例尺的取法应使实验"点"的边长为 $2\Delta x$ 和 $2\Delta y$，而且使 $2\Delta x = 2\Delta y = 1 \sim 2$ mm，若 $2\Delta y = 2$ mm，则 y 轴的比例尺 M_y 应为

$$M_y = \frac{2\ mm}{2\Delta y} = \frac{1}{\Delta y}\ mm/\ 单位物理量 \qquad (附录1-1)$$

例如，已知温度误差 $\Delta T = 0.05$ ℃，则

$$M_T = \frac{1\ mm}{0.05\ ℃} = 20\ mm/℃ \qquad (附录1-2)$$

则 1 ℃温度差的坐标长度为 20 mm。

二、对数坐标

对数坐标的特点是：某点与原点的距离为该点表示量的对数值，但是该点标出的量是其本身的数值，例如对数坐标上标着"3"的一点至原点的距离是 $\lg 3 = 0.47$，见附图1-1。

附图1-1中上面一排刻度为 x 的对数刻度，下面一排刻度为 $\lg x$ 的线性（均匀）刻度。

对数坐标上，1、10、100、1000之间的实际距离是相同的，因为上述各数相应的对数值为0、1、2、3，这在线性（均匀）坐标上的距离相同。

在对数坐标上的距离（用均匀刻度的尺来量）表示数值之对数差，即 $\lg x_1 - \lg x_2$

$$\lg x_1 - \lg x_2 = \lg\frac{x_1}{x_2} = \lg\left(1 - \frac{x_1 - x_2}{x_2}\right) \qquad (附录1-3)$$

因此，在对数坐标纸上，任何实验点与图线的直线距离（指均匀分度尺）相同，则各

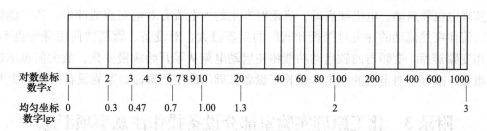

附图 1-1 对数坐标的标度法

点与图线的相对误差相同。

在对数坐标纸上，一直线的斜率应为

$$\tan\alpha = \frac{\lg y_2 - \lg y_1}{\lg x_2 - \lg x_1}$$ （附录 1-4）

由于 $\Delta\lg y$ 与 $\Delta\lg x$ 分别为纵坐标与横坐标上的距离 Δh 与 Δl，所以也可以直接用一点 A 与直线的垂直距离 Δh 与水平距离 Δl（用均匀刻度尺量度）之比来计算该直线之斜率。

附录2 变频器在实验设备中的使用

变频器（VFD，Variable-frequency Drive）是应用变频技术与微电子技术，通过改变电机工作电源频率方式来控制交流电动机的电力控制设备。

我校化工原理实验室部分设备采用如附图 2-1 的变频器进行流量调节。

附图 2-1 某变频器控制面板

一、变频器的基本使用方法

（1）接通电源，此时变频器显示某一数值，该值为当前设定的频率，单位 Hz。

（2）按绿色启动按钮，此时变频器连接的电机启动。该启动为缓启动，变频器输出值由 0 缓慢提升至设定频率，之后维持在该频率稳定运行。

（3）如果调节流量，也就是调节电机转速，按控制面板的增加键（▲）或减少键（▼）调速，相应地增加或减少流量。某些型号的变频器还设置有旋钮（电位器）进行调速。

（4）停电机。按停止键。

二、变频器的功能

变频器的使用可达到节能、调速的目的，还有过流、过压、过载保护功能。

变频节能的作用。变频器节能主要表现在风机、水泵的应用上。当用户需要的流量较小时，风机、泵类采用变频调速使其转速降低，节能效果非常明显。如果风机、泵类采用挡板和阀门进行流量调节，根据《化工原理》离心泵相关知识，属于改变管路特性曲线，会使管路阻力增加，损耗（无用功）增大，泵的效率下降。使用变频调速装置可减少损耗，提高泵的效率，节约电能。

实现电机软启动。电机硬启动，启动时产生的大电流会对电网造成冲击，还可能烧毁电机。流体突然流动的冲击对挡板和阀门的损害极大，对设备、管路的使用寿命也不利。而使用变频器后，变频器的软启动功能将使启动电流从零开始缓慢变化，最大值也不超过额定电流，减轻了对电网的冲击，延长了设备和阀门的使用寿命，节省设备的维护费用。

附录3　化工原理实验室部分设备操作注意事项汇总

实验操作过程中，如果不按照规定的步骤操作实验设备，可能无法完成该操作，甚至会引起设备损坏及人身伤害。下面将常见的一些注意事项及需要说明的问题进行汇总，请实验时注意。

一、离心泵在相关实验中需要注意的事项

（1）离心泵启动前关闭出口阀门，以免启动时电流过大损坏电机和冲击管路中流量计等仪表造成损坏。

（2）进口管路阻力要尽可能的小，正常使用的离心泵进口管路不应设置阀门，更不可用进口阀门调节流量，否则容易发生气蚀现象损害离心泵（离心泵特性曲线测定实验中的离心泵为特例，实验中为了仅使用2台离心泵既完成串联操作又完成并联操作，在串联操作时流体经过的第2台泵前设置了阻止直接从水箱吸水的阀门，但第1台泵前不应设置阀门）。

（3）离心泵安装位置低于液面时，离心泵会自行充满液体，无须单独灌泵。离心泵特性曲线的测定实验中，2台泵均在液面之上，需灌泵。离心泵实验中离心泵有单独的灌水阀和灌水漏斗，如果灌水阀打开后，漏斗中原存在的水面不下移，则说明上次实验后离心泵中的水还在，无须再灌水。

二、转子流量计在相关实验中需要注意的事项

（1）转子流量计锥形管采用玻璃或有机玻璃等透明材质制作，不耐冲击。转子流量计使用时要先缓慢开启阀门，待转子稳定不波动后再缓慢调节流量，以免转子冲击力度过大损坏锥形管。切记不可开着流量计阀门启动流体输送泵（离心泵），否则更容易造成流量计损坏。

（2）转子流量计读数，标准转子流量计读取转子最大横截面处所在水平面刻度对应的数值。定做的转子流量计有的会有特殊说明，则按照说明所示读数。如标明"READ TOP OF FLOAT"（中文为"读转子的顶部"）则读转子的顶部对应的刻度。

三、玻璃管液位计在相关实验中需要注意的事项

玻璃管液位计采用连通器原理指示罐内、槽内或釜内等容器内的液位。玻璃管与容器连接有的采用角阀，玻璃管的上下两端的角阀必须全部处于打开状态才可以正确指示液位。角阀仅在玻璃管损坏后更换玻璃管时关闭，其他情况角阀处于常开状态，正常的实验过程中无须操作。液位不满足实验要求时，从其他相应位置补充液体或排放部分液体，不要转动角阀。

四、蒸汽发生器在相关实验中需要注意的事项

蒸汽发生器采用电加热水，水沸腾后产生水蒸气。

（1）严格注意水位，防止干烧损坏设备。蒸汽发生器的液位计角阀要确保处于打开状态，否则可能不能发现水位低于加热棒造成高温干烧，损坏设备。

（2）加水后必须关闭加水的阀门或密闭加水口的盖子，防止水蒸气从加水口外泄和烫伤。

（3）单管升膜蒸发实验蒸汽发生器盖子内有密封用的硅胶垫，加水后注意放回盖子的密封硅胶垫。

五、设备中含有搅拌轴或传动轴需要注意的事项

搅拌器性能的测定、恒压过滤常数的测定、不同换热器的操作及传热系数的测定实验中有搅拌器工作，搅拌器工作时不要靠搅拌轴太近，以免衣物、头发被卷入发生危险。有的设备有裸露的传动轴，同样也要注意适当远离。

六、二氧化碳钢瓶在实验中需要注意的事项

（1）使用气体前先检查减压阀（低压表压力调节螺杆）是否关闭，拧松状态为关闭。确认关闭后再打开钢瓶总阀门。否则二氧化碳气体输出压力很大，可能会冲开管路。

（2）管道中气体的转子流量计按照转子流量计的使用注意事项缓慢开启，缓慢调节流量。

（3）注意转子流量计的流量调节会引起减压后气体的压力变化。最好两个人一人调节压力，一人调节流量才能快速调好，如果只一个人调节要往返多次才可以调节好。

（4）实验结束后务必关闭总阀（顺时针拧紧）和减压阀（逆时针拧松。减压阀拧松即可，拧松后继续拧阀门会掉下来，万一掉下来再拧上即可），以免气体浪费和实验室内二氧化碳气体浓度超标。

七、实验设备阀门的开关技巧和相关注意事项

（1）实验室用到的阀门外观主要分为两类，一类阀门有旋转的手轮，手轮可以旋转很多圈，多为闸阀；另一类阀门有可以扳动的手柄，手柄只可以转动 1/4 圈或 1/2 圈（90°或 180°）多为球阀。

（2）手轮逆时针方向旋转为开、顺时针方向为关。手柄和管道十字交叉为关、手柄和管道平行为开。

（3）手轮拧不动可通过压力、流量确定阀门是关死了还是开到最大了再确定用力的方向，以免损坏阀门。

（4）手轮开启时注意通常有 1 圈到 2 圈为空转，转动到需要使用大力气的时候继续用力旋转方才开启阀门。关闭时也有空转，但一般不易注意到。

（5）两类阀门都可以调节流量，但两类阀门串联时采用有手轮的阀门进行调节，手柄的阀门全开。

八、数字显示仪表相关注意事项

（1）设备中的数字显示仪表一般为多功能仪表，配合感应器设定好参数后使用，仪表在设备中的作用是固定的，如用来显示温度、用来显示流量、用来显示压力等数据。

（2）实验中，多数仪表只用来显示、不用来调节。实验中"只许看、不许触摸"以免参数错乱出现乱码或错误的示值。

（3）精馏实验和蒸发实验中可以通过箭头按钮调节加热电压，其他按钮不要按。

（4）万一出现乱码或错误的示值，可首先检查是否有断线或接触不良，如线路外观完好将仪表断电等待约 1 min 后重新供电开机试试。如不能恢复正常，联系指导老师调试，如还不能解决则找专业人员进行维修调试。